上の写真は2007年のさおりが原。下の写真は2009年の同林内、スズタケは完全に枯れ樹木被害も深刻。
わずか2～3年の間に、シカ食害によって、急速にさおりが原は姿を変えてしまった

剣山は観光の山。中腹までリフトが設置されており、入り込み客も多い。かつて山頂周辺は大勢の人々が踏み荒らし、ササ原が枯れ、オオバコが茂っていた。1990年代に木道の建設と植生再生事業が行われ、ササ原は復元された。しかし、今日のササ原には、シカ道もたくさんあって、今後が心配される

剣山のお花畑の中でも、代表的なキレンゲショウマ。
現在は徳島県が設置した保護柵の中でしか生きられない

三嶺山城のカヤハゲの現状(2010年9月)。5つの四角の緑は2008年、2009年に設置した防鹿柵で、柵内には40～50種の植物が蘇る。柵外はシカの採食によって、依然として灰色の世界。シカが移動する「獣道」も縦横に見られる

白髪山西側稜線部は樹木とササがセットで枯死している

樹齢500年以上といわれる一の森のゴヨウマツもひどい樹皮剥ぎ被害にあう（2010年）

三嶺の標高1850m付近で目撃されたシカ。残されたササを目当てに集まった（2010年2月宮本明弘撮影）

トチノキの落ち葉を食べるシカ

枯死した稜線部のササ原に植生再生のための防鹿柵を設置（三嶺山域のカヤハゲ・韮生越、2009年）。ボランティアネットワーク「三嶺の森をまもるみんな会」は、三嶺山域に3年間で30カ所設置。希少種やササ原等の植生保護の活動を行っている

ウラジロモミの多くが樹皮剥ぎ被害で枯死、林床のスズタケも枯れ土壌を安定化させる機能を失い、土壌侵食が始まった（中東山、2010年）

樹林内の急傾斜地では、表土流出も進む

上の写真は本来のさおりが原（2000年、青木英雄）
下の写真は現在のさおりが原（2009年）。毒のあるバイケイソウ以外の山野草は失われた

剣山・三嶺山系の急峻地では、スズタケ等が消失し林床荒廃が進むとともに、崩壊地が各地で増加している

シカと日本の森林

依光良三［編］

築地書館

はじめに

「ちょっと変だぞ日本の自然・ふるさと激変」（ＮＨＫ二〇一〇年八月）シリーズの中で「奥日光の自然が大ピンチ」が放映された。美しく咲き誇るクリンソウの影で、たくさんの植物種が消え大木が枯れたことによって、本来の多様な植生が失われると共に昆虫も鳥類も減り、特定のものが増えるという偏った生態系になっている。名古屋で開かれたＣＯＰ10（生物多様性条約第一〇回締約国会議）の年なのに、日本を代表する貴重な自然が大きく様変わりして生物多様性が失われている。これは、日光に限ったことではなく、東北の豪雪地帯を除く全国各地で、いま起きていることである。「ちょっと変」どころか「大いに変」、「嘆かわしいほど変」まで、置かれた立地環境と被害の段階によってその状況は異なる。

半世紀近く日本の森林を見てきた筆者にとって、今日起きているニホンジカ（以下、シカと呼ぶ）が原生的自然に深傷を負わすようになることはまったく予想外のできごとであった。どんなに立派な強い森であっても、一〇〇年、二〇〇年に一度といった大台風、巨大地震や集中豪雨などによって樹木が倒され、山林が壊れ、災害が起きることはしばしば見受けられる。台風災害史上トップクラスの「洞爺丸台風」（一九五四年）では北海道の原生林約二二〇〇万立方メートル（当時の日本の一年間の木材消費量に匹敵する量）の樹木がなぎ倒された。関東大震災では丹沢の山々が各所で大崩壊を起こし、沢筋を中心とする自然植生が大ダメージを受けた。これらの自然の再生には植林や治山工事といった人の力も必要だったが、同時に自然の復元力も働いて歳月が傷を癒し、元の豊かな自然を取り戻してきている。

もっとも原生林破壊は人類文明の発展と裏腹に進められ、どんなところでも開発できる技術を手に入れた現代文明下の国や企業は、世界の森林を大規模に破壊し続けてきた。国内においても高度成長期からバブル経済期にかけて、国家行政の主導のもとに大規模に原生林を伐採し、人工林化やリゾート開発を推し進めてきた。その結果、残された原生林はわずかなものとなった。それらの残された自然は、自然保護運動の成果と国際的な環境保護の気運の高まりのもとに大半は何らかの保護林として法的に規制され、人の手による開発からは守られてきていた。そのような、残された貴重な自然が今、シカの採食行動によって各地でダメージを受けている。

あまりに増えすぎたシカの食害による自然へのダメージは、とくに奥山の山岳地帯で深刻だ。単に、森林生態系や生物多様性の問題だけでなく、大量の土砂流出を招き、森・川・海の循環の原点が壊れるからである。シカ食害問題は、多少早い遅いの差はあるが、豪雪地帯を除く「全国同時多発」(湯本ら、二〇〇五)現象であり、ヨーロッパ、北米などの先進国共通の課題ともなっている。そういう意味では先進国世界の同時多発的問題でもある。

私たちの関わる四国山地の自然林においては、今世紀早々から被害が起き始めていたが、五、六年前までは社会的関心を呼ぶほどの問題は起きておらず、いわば、シカ食害の後発地帯といってよい状況にあった。四国を代表するのは石鎚山系と剣山系であるが、うち剣山系(三嶺山域の高知県側を含む)の稜線部のササ原と自然林で、いま大規模かつ急激に自然が衰退し、劣化が進行している。そんな中、私たち「三嶺の森をまもるみんなの会」が主催したシンポジウムにおいて被害状況をスライドで説明した際、「本当にシカによるものですか?」という素朴な質問が会場から寄せられた。すぐ「間違いなくシカの食害によるものです」と答えた。私たちの会は結成して四年目だが、頻繁に現場に通い、樹皮食い等の被害の実態を調査し、モニタリングも自分たちの手で実施することによって、当初の「疑い」がほどなく「確信」に変わった。口絵の写真にあるように、ササ原に群れるシカ、樹林内のシカ、痛ましい樹皮食いの痕跡、そしてササと樹木がセットで枯れた状況を目の当たりにし、たくさんの糞を見、むせかえるような獣臭をかいだとき実感として、これはただ事ではないとの思いが募った。

今、シカショックに見舞われたばかりの三嶺山域で起きていることは「嘆かわしいほど変」なのである。自然は自ら持っている再生力によって、やがて時間の経過とともに復元しようとする力が働き、緑の再生へと向かうこともある。その行き着いた先がNHKで放映されたように「ちょっと変」に変わるかも知れない。現実に日当たりの良い三嶺の稜線部では、早くも不嗜好遷移（シカが食べないか、食べられても強い若干の植物種への偏った遷移）が一部で始まっている。だが、稜線部ササ原に隣接する樹林帯、そして西熊渓谷の原生的森林に覆われた中腹部等では、下層植生は失われたままで嘆かわしいほどの「林床砂漠」状態が続いており、未だ植生回復の展望が見いだせない。以前、大台ヶ原、丹沢、屋久島、知床を訪ね、今年も丹沢と知床を訪ねた。どこもかなりシカ食害はひどいのだが、見かけは剣山・三嶺山系が最も深刻だ。急峻な山岳地形と稜線部のササ原・樹林が激しく被害を受けて傷が癒える間もない段階にあるためかもしれない。

本書は大きくは三部構成からなっている。第一は総論的に過去一〇〇年のシカをめぐる社会的な変化、近年の増加の要因、全国的な動向を述べている。先発被害地として丹沢と知床を中心に紹介しているが、単にシカによる食害現象だけでなく、自然を守ることの内実と保護運動の関わりの有り様を分析の軸としている。

第二は、あまり知られていない四国山地におけるシカ被害の実態と、貴重な源流の森を守ろうとするNGO・NPO主体の地域ぐるみの運動や連携協働による活動を紹介している。日本百名山の一つ剣山周辺でのお花畑の被害や樹齢数百年のゴヨウマツの被害も深刻だ。さらに痛々しいのは三嶺山域の亜高山帯稜線部の樹木被害である。被害実態を紹介すると共に、なぜシカは特定の樹の皮を食べるのか、という視点から分析している。また、同じ稜線部の広いササ原が枯死して裸地化した中、保護柵内外の違いと、柵外での植生再生の方向性を調査研究し、共存の論理のもと緑の再生のあり方（自然の再生力＋人の力）について分析している。また、四国山地西南部の三本杭の被害も同様に深刻だ。

　そして、第三は、ヨーロッパの先発国のシカ問題と対策の状況を紹介し、日本の先発地域の対策も参考に共存の論理のもとに、森林生態系と流域の環境保全、景観保全を目的として自然を守るための仕組みのあり方や今後の展望について考えたい。ヨーロッパでは、山林を含む土地所有者が狩猟権によって利益を得る仕組みになっている。肉の流通も盛んで経済の仕組みの中で、シカ類の捕獲管理が位置づけられてる。日本のシカ対策では、「知床とイエローストーン」で議論されたオオカミ再導入論に触れてはいるが、当面人の手で管理していかざるをえない状況が続くことから、管理捕獲をはじめとする対策について最近の動向を述べ、最後に市民参加による協働型仕組みについて「三嶺の森をまもるみんなの会」活動のめざす方向を述べている。今日のシカ問題に対してはみんなの力を結集する協働型の運動、活動が鍵を握ると思うからである。

なお、本書の執筆者は三嶺の森をまもるみんなの会のメンバー（高知大グループ、自然保護団体等）

ないしは関係者がほとんどであるが、ヨーロッパについては、最近ノルウェーに留学しておられた上野真由美さんに執筆をお願いした。

最後に、日本に残されている多様性豊かな森林で起きている自然保護問題の内実を一般の方々に理解していただきたいと願うと同時に、本書が四国山地と同じ問題に直面している後発地域の取り組みの参考になれば幸いです。出版の機会を与えていただいた築地書館には感謝の意を表する次第です。

三嶺の森をまもるみんなの会代表　依光良三

【目次】

Ⅲ ヨーロッパと日本のシカ対策

Ⅰ 広がるシカの食害と自然環境問題

1　驚きのニホンジカ食害

よそ事に思っていたシカの食害

シカによる自然植生の破壊が進んでいるという話は、以前から聞いてはいたが、それは、大台ヶ原や日光、丹沢、知床など特別な地域でのできごとだと思っていた。私たちが住む四国においては、一九八〇年代まではシカはまだ珍しい生き物であった。四国西南部の足摺宇和海国立公園や東部山岳地域、剣山系の一部には細々と生息しているとは知っていたが、四国山地の中心部にはそれほど生息しておらず、高山帯の自然植生や生態系がダメージを受けることなど決して起きないと高をくくっていた。

それが、二一世紀に入ると西南地域はもちろん東部山岳地域、中部の白髪山・工石山そして最も豊かな自然植生が残されている剣山・三嶺山系においてあっという間に被害が広がった。四国山地の中腹部は急峻な地形が多くを占めるが、亜高山帯の稜線部・尾根筋は比較的傾斜が緩い。そこに、ミヤマクマザサを中心にオープンなササ原が馬の背状、「象の背状」ないしは高原状に広がっている。シラビソ（剣山）、ダケカンバ、ウラジロモミなどの樹木が林縁を構成し、その下のブナ帯にも多様な樹種と下層（林床）にはスズタケや草花が生い茂っていた。オープンなササ原の規模も大きく、一カ所一〇〜三〇ヘクタールのササ原が稜線部に連なっているのが剣山系の特徴である（口絵写真参照）。

私たちが、あっと驚いたのは二〇〇七年。三嶺山頂に近いカヤハゲ・韮生越《にろうごえ》のササ原が枯れ、点在する樹木群が樹皮食い被害によって痛々しい姿を目の当たりにした時である。登山愛好者によると、キレンゲショウマなどの希少種の花々の被害が始まったのは二〇〇〇年ごろからだそうだが、自然の景色を変え、生態系のバランスを崩すほどに被害が広がったのは二〇〇六、七年ごろから。それ以降の被害が広がるスピードとその規模は尋常なものではない。

図1－1　生死をさまようササ原

晩秋から春先にかけては餌の乏しい時期。シカたちにとって冬でも緑の葉を落とさないササ原は貴重な食料庫である。緩やかな稜線部のササと樹木が今やボロボロになった。わずか四、五年のできごとにおいてである。ただ、ササは食べられても根が枯れていない段階だと、冬芽が発芽して初夏に再生することも見られる。しかし、初夏以降もシカたちが常住して高密度に生息しているところではササ原全体が枯死してしまう。一方、三嶺山頂周辺のように山小屋があって登山客も多いところでは、いったん枯れても初夏には冬芽が伸びて復活する。

現段階では、シカの食害によって①完全に枯れたササ原、②夏でも貧弱で生死をさまようササ原（図1－1）、③初夏には完全に復活するササ原、④剣山の山頂のようにシカ道はたくさんあるものの年中緑を維持しているササ原、以上の四タイプに分類できる。

稜線部ではウラジロモミやナナカマドなどの高木が著しい被害を受け、トサノミツバツツジ、ドウダンツツジ、ノリウツギなどの低木の過半も枯死した。また、盤石で多様性豊かな三嶺の森の中で深刻なのは急峻地を含む中腹部の樹林帯の下層に生える林床植生（スズタケ、草花、幼樹）のほとんどを短期間に失ったことである。中腹部の自然林の中にはブナやケヤキ、トチなどシカが好まない樹種も多いことから外見上森林の体を保っているのは幸いなことである。これがもし大台ヶ原のようにトウヒ林であったり、あるいはウラジロモミの純林であったりすると森全体が悲鳴をあげていたことであろう。

二つの驚き

驚きの一つは、前述のシカ食害そのものの規模であり、そのスピードである。そして、もう一つは、思いがけない新たな形の自然環境問題に直面したことにある。森林地帯の自然環境問題は一九九〇年代を境にほぼ解決し、自然保護制度の拡充と保護林指定面積の大幅増加によって落着したものと思っていた。現在、問題となっている自然林ないしは自然植生のシカ食害地の大半は、国立・国定公園や国有林の保護林であり、人びとや公を含む企業による伐採が禁じられているところなのだ。まさに「世界遺産をシカが喰う」（湯本ら、二〇〇六）という本の表題にも象徴されるような段階にまできている。

全国的に残り少ない原生林やそれに近い自然林は過去の伐採開発によって激減し、奥山にわずかに残されているにすぎない。とりわけ、人工林率が軒並み六〇パーセントを超える西南日本では、奥山の自然林はきわめて貴重なものとして位置づけられ、その大半が保護林に指定されている。四国では、原生的森林は石鎚山系と剣山・三嶺山系を中心にして、森林面積全体の二～三パーセントにとどまる。

一九九二年の地球サミットでの生物多様性条約の下に政府は「国家戦略」を策定して取り組むこととなった。生物多様性の保全を目的に絶滅危惧種を守り、その生息・生育域を拡大するために生態系ネットワークが重視されることとなり、林野庁は、一九九九年から保護林と保護林をつなぐ「緑の回廊」を全国的に設けた。四国山地緑の回廊には、石鎚山系と剣山系を中心に指定されているが、このうち上述した剣山系（緑の回廊面積一万一四二ヘクタール、ほぼ同面積が剣山国定公園と国指定鳥獣保護区にも指定されている）において近年被害がすさまじい勢いで進行している。

前述したように、本来の稜線部は美しい緑のササ原とその下の樹木群によって覆われ、緑の回廊と呼ぶにふさわしい内実を持っていた。ところが、稜線部は緩傾斜地を好むシカにとって格好の住処・餌場となり、分布域を拡大するシカの回廊ともなった。その緑の回廊は、ササの大半が食べ尽くされ枯死したり、矮化してかろうじて生きている状況にある。稜線部周辺の樹木もウラジロモミを中心に枯死が広がり、とくに初夏までは「茶色の回廊」と化している。さらに、ササが倒れると灰色に、場所によっては土がむき出しして土色になった。一部にシカの嫌いな植物、ないしは食べにくい植物が生え替わって新たな緑として広がり始めているところもあるが、未だ緑を失った不毛の色のままのところも少なくない。とくに、光環境の劣る山腹の樹林内では下層の林床植生が失われたまま回復せず、被害はほぼ全面にわたっている。つまり、四、五年の間に被害は、点から線、そして面へと広がってきたのである。

シカによる被害は「食害ではない」か

シカが増えすぎて、ササや樹木に被害をもたらすことに対して、地方に住む私たちは何の疑いもなく食害という言葉を使っている。ところが、この食害という用語は地域によっては使いづらい微妙な言葉のようだ。私たちは三嶺の地元の町で二〇〇八年一月にシンポジウムを開催した。その際、先発被害地の神奈川県の丹沢の話をしてもらおうと県の担当者に「丹沢におけるシカ食害と対策」というテーマで講演をお願いした。ところが、担当者から「食害」という言葉は外してほしいといわれ、結果、「シカ問題」に変更した。

私たちの住む高知県では、シカ食害という言葉には抗議を受けたこともないし、多くの人びとは抵抗をもたない。神奈川県と高知県の違いは何か。いうまでもなく、大都市圏と地方圏にあるということである。そこでは、森や自然あるいはシカと人びととの関わりの有り様も大きく異なる。生活、文化、そして歴史に根ざす自然との関わり方が異なれば、当然シカに対する考え方、観念も異なる。

都市の思考

神奈川県は人口約九〇〇万人。その大半が都市部で生活を営んでいる。県民が親しむ山丹沢は、ブナなどの樹林や希少植物とともに、カモシカ、ツキノワグマ、シカなどの野生生物も生息する豊かな自然の象徴であり、ひっくるめて自然として保護すべき対象なのだ。県民の大半は都市民であり、当然のことながら自然に対しても都市的思考が支配的となる。多くの都市民にとって山の自然は非日常なものであり、動物愛護の気持ちも強く、とくにシカはかわいい生き物の象徴なのであり、出会えると大喜びする。

頻繁に訪れ、本来の山の豊かさを知っている愛好者・登山者はその変化に気づいていよう。その原因をシカに特定しないとしても自然そのものが傷つきいたんでいることに心を痛めている人びとも少なくない。一方、たまにしか山に訪れない都市民は、森に入ってもササなどの林床植生がないことに違和感を持たない者も少なくない。それが普通の景色だと思うかもしれないし、枯れた木が白骨状に立っている場合はそれも美しい自然の一コマととらえるかもしれない。本来の自然の姿・景色を知らない人びとにとって、評価する価値基準を持たないが故に、バランスを崩した生態系に気づくことなく、当たり前の姿として受け入れ、丹沢の山容とブナ林に癒され、周りの美しい眺望によって十分満足してしまうのである。

また、何らかの情報によって丹沢の自然の衰退に気づいて、原因の一つがシカだと知っても、都市民のかなりの人びとはシカを悪者にして捕獲することには抵抗を示す。シカは生きていくために草、ササ、木の実、樹皮などを食べるのは当たり前の行為であって、シカに罪はない。むしろ、そういう状況に追い込んだ人間に罪があるのだと考える者も多い。また、放っておいたら、シカも食べ物が減ることによって、生息数が減り、やがて自然植生と共生するはずだという予定調和的な考え方もあろう。現実には、シカもしたたかで、痩せて小型化しても生きるし、食べなかったものまで食べるようになって一定数から減らなかったという（神奈川県、二〇〇七）。

丹沢の自然を守るために神奈川県が実施している管理捕獲（本来の自然生態系が保てるないしは再生する程度にまでシカの生息数を減らすための捕獲）の計画が立てられた時には抗議を寄せる者も市民グループの中には少なくなかったそうだ。そうした中で、丹沢と深く関わってきた団体である「丹沢自然保護協会」（一九六八年設立）は、一九九〇年代までは自然との共生論のもとにシカの保護を優先していたが、今日では生態系保全、土壌保全など自然環境全体のバランスを維持・再生するための科学的計画的な管理捕獲なら実施を認めるという姿勢をとっている。本来の森の姿を知っている自然保護団体は、多くの貴重な植物種が失われ、昆虫等も大幅に減り生物多様性が失われてきているばかりか、土壌浸食、土砂流出も引き起こすシカ食害の問題を認識し、管理捕獲の必要性を十分に理解している。

地方の思考

地方ないしは地元の考え方は、都市と大きく異なる。私たちが今、シカ問題で直面する三嶺の森の場合は典型的な地方型といってよい。源流の山々と下流の人びととは川、水を通じて、生活・生産環境面で関わりを持っている。近年、水源地帯の山林が大崩壊を起こし、大量の土砂が物部川に流れ込み、その結果下流に濁水問題が発生した経験を持つからである。森と川のつながりにおいて、森が壊れたら川も壊れ、災害と水問題が起きるという体験から源流の山々の重要性が認識されている。国土保全、流域の環境保全の視点から源流の山・森を見る、ないしは気づく人びとが増えているのである。その過程には実際に被害を受けた人びとがいることと地元自治体ならびにNGO・NPO団体が活発に啓発運動を展開したことがあった。その結果、山に目を向ける姿勢やシカに対する見方も現実を直視する傾向になった。

あまりに増えすぎたシカは、生きていくためとはいえ希少植物種を食べ尽くし、広大なササ原やウラジロモミなどの樹木を枯らし、生態系のバランスを崩すという意味での「自然破壊者」となっただけでなく、急峻な源流域の山々をハゲ山にすることによって、土砂流出や崩壊危険箇所を増やし、結果的に流域の「環境破壊者」ともなっている。

シカそのものに対する考え方も地方では大きく異なる。一つは、山里に出てきて農作物を食い荒らす、あるいは植林地において植林木に被害を与えるやっかいものとして位置づけられていることである。中山間地域の基幹産業は農林業であり、生業としている者も少なくない。山里の農林家にとってシカは作物を食い荒らす有害獣であり、被害者の立場から「駆除」を望む。自治体も「有害獣捕獲」に補助金を出して取り組む。つまり、山間の多くの農林家にとってシカは嫌われものなのだ。もう一つは、中山間地域には以前からキジやノウサギ、イノシシなどを銃やワナで狩りをしてきたという歴史がある。シカも狩猟対象であり、単なる獲物の一つにすぎない。

だが、地方にあっても山里から離れ、都市に住む人びとが増えている。地方都市に住む人びとは市民的な感覚も持ち、シカに対する意識も山間の人びととはかなり異なる。私もそうだが、都市に住む人びとは山に入ってシカやカモシカなどの野生の生き物に出会うと素直に興奮する。ＤＮＡの中に「獲物として狩る血」と「かわいいと思う血」の両方が流れているからのように思う。都市の女性や子どもたちには「かわいいと思う血」の方がより勝っているであろう。

それでも地方では、シカの食害という表現や有害捕獲の実施に対してほとんど文句がでないのは、マスコミ報道も地方の視点、山間の人びとの生活や自然の生態系の維持、環境保全の視点から報道がされるからである。高知県の場合は自然保護団体も生態系全体の保全の視点から、清流保全団体は環境保全の視点からシカの管理捕獲を望む姿勢をとっており、ほとんどの県民が「食害」に異論を挟まない。

失われる経済価値――農林業被害

シカ食害のもたらす農林業被害について二〇〇八年でみると、農作物に関しては被害面積四万四八〇〇ヘクタール、金額は五八億円に達し、イノシシに代わって野生鳥獣被害の一位を占めるようになった。とりわけ北海道の牧草など飼料作物の被害が飛び抜けており、ほぼ四〇億円にも達している。次いで、水稲、野菜、果樹なども被害にあい、長野県の三・八億円、京都府の一・九億円、兵庫県一・九億円、岩手県一・四億円、三重県一・二億円である（農水省、二〇一〇）。

これは面積で比較すると、ほぼ二〇年前の一九八九年の被害（七五〇〇ヘクタール）の約六倍に増えたことになる。一九九〇年代、そして二〇〇〇年代に一定の対策が行われてきたにもかかわらず、シカの農作物被害は増え続け、農山村の人びとにとって生活にも支障を来す問題となっている（図1−2）。そのため、山からシカが出てこないように山裾に防鹿柵を延々と築いたり、山間の集落をまるまる防護柵（たとえば高知県四万十市西土佐町奥屋内集落、延長約七キロメートル）で囲って被害を防ぐといった対策を施すところも見られる。奥地山間では過疎化の中、高齢化した人びとに代わってシカ、イノシシなどの動物が地域の「主」になっているところも少なくないのである。

林業被害については面積で見ると、一九八〇年以前は年間一万ヘクタール以下、九〇年代が一～二万ヘクタール、九〇年代～今日にかけて三万～四万ヘクタールへと増加をたどってきた（林野庁）。もっとも近年では横ばいか、若干低下傾向にある。一九八〇年頃までは、日本の植林面積は三〇万～四〇万ヘクタールと史上最高水準にあったが、このころはノネズミ、ノウサギによる被害が圧倒的に多く、幼齢植林木の部分的樹皮食い被害が多く見られ、植林地が全面的に枯れることはなかった。その当時はシカによる被害は丹沢山系などごく限られたところで起きたにすぎず、裏を返せばシカの生息数も全国的には少なかったことを意味している。

今日の林業は、シカの激増によって植林する際には保護柵で囲わないと全滅するような状況にある。幼木は葉っぱや樹皮を食べられて枯れることが多いが、枯れない場合でも先端部の成長点を食べられると植林木の価値は失われる。その被害を防ぐためには、植林の費用が余分に必要になる。それでなくても木材価格が実に六〇年前の水準にまで低落して、林業経営の採算がとれない状況の中で、シカ食害のリスクは林業にとって致命傷ともなっている。ちなみに近年の植林面積は年三万ヘクタール前後で、かつての一〇分の一以下にまで落ち込んだ。林業被害は相当な額になると思われるが、正確な被害実態は分かっておらず、推測の域を出ない。

図1-2　樹皮剥ぎ被害を受けたユズの木（香美市）

シカ食害と損なわれる自然——崩れる生き物と生き物のつながり

シカ食害による自然植生の衰退で問題になっているところの大半は国立・国定公園や緑の回廊、そして世界遺産登録地域であり、日本の森林地帯の中でもとびきり優れた自然の価値の高いところである。原生林など日本に残された数少ない貴重な自然は、景観の維持ばかりでなく豊かな生態系や生物多様性の保全といった視点から、かけがえのない自然として高く評価されるべきものである。とりわけ、開発が進んだ西南日本では原生的森林はごくわずか残されているにすぎない。自然の希少価値が高まった今、元の自然を取り戻すとなれば、壊れるほど莫大なコストを要することになる。それだけ、自然の価値は高いものだといえよう。

三嶺山域の自然の変化を見ていると、食害の前には樹林とともに下層の林床には豊かな草花やササ原があり、食害後にはハゲ山化や「林床砂漠」化が進む。稜線部のササ原の衰退、数千本以上（多分一万本以上）のウラジロモミやナナカマド、ツツジ等の樹木群の枯死に加えて、中腹部樹林の下層に生える林床植生の大半が失われているからである。日当たりの良いところではシカの嫌いな植生によってある程度カバーされるところもあるが、あまり日当たりの良くない樹林内の林床植生の再生は容易なことではない。新芽が出てもシカが食べ尽くすからである。今のところシカが食べないバイケイソウなどごく一部の植物種が見られるだけである。その結果、森林植生の衰退と景観面での価値が損なわれている。

さらに具体的に生態系や生物多様性の観点からみると、その損失は計り知れないものがある。森林生態系では、樹林内の下層を構成する林床植生の草花（お花畑）の大半を失った、あるいはシカが食べない少数の植物種しかなくなったことにより、昆虫が減り、昆虫を食べる鳥や小動物に悪影響が及ぶ。たとえば、昆虫の幼虫は特定の植物（草、木の葉）を食べて育つ。希少種のギフチョウなどはカンアオイという林床の植物の葉を食べて成長するが、カンアオイがシカによって食べられるとギフチョウは生育できなくなる。滋賀県や京都府などでギフチョウが減少した要因の一つにシカの食害が挙げられている（間野ら、二〇〇九）。他の昆虫にとっても食草・食樹が枯死すると、やはり生育できなくなる。京大芦生研究林における調査（藤崎憲治）によると、特定エリアにおけるハチやチョウなどの花粉を求める昆虫の数は、二〇〇六年では二〇年前の約五分の一にまで減少しているそうだ。野鳥に関しては、大台ヶ原の正木峠周辺ではルリビタキ、ヒガラ、シジュウカラ、カケスなどが減っている（環境省、二〇〇九）。また、シカと同じ林床の植物を食べるカモシカやウサギなども餌不足に陥り生存が脅かされる。まさに、生き物と生き物のつながり（共生や食物連鎖）の中で林床のササや草花といった生態系の元（生産者）が細ることにより系全体に影響が及び、そのバランスが崩れ、豊かな生物多様性を維持できなくなることを意味している。

山岳地帯では環境保全面の損失も深刻――進む土壌流出と崩壊

シカ食害は自然の価値の喪失のほかに、山岳地帯では国土保全、流域の環境保全問題をもたらす。奥山自然林はほとんどが川の源流域にあたる。それも中部から西南日本では、きわめて急峻な地形が多く、いったん破壊が進むと表土の流出や崩壊が進みはじめ、土砂災害につながる危険性も高くなる。

本来、原生的自然林というのは、いろいろな樹種からなり、巨木、中層木、林床植生など多層の緑で支え合い、古木が寿命で枯れるとその跡に後継樹が芽吹いて成長するなど、循環しながらも安定した森を構成する。保水力や土砂災害を防ぐ水土保全・環境保全面でも高い「森の力」を持っている。巨木は根が太く、モミの木などは地中奥深く潜る。いろいろな広葉樹の根やササの根によって土壌がしっかり抑えられ、樹木、茎、葉によって覆われた自然林は腐葉土層も豊かで水や土を守り育む力は高水準で安定している。

物部川源流域の三嶺の森も、食害前はおおむねそうした盤石の森であった。そうした中、二〇〇四年の大集中豪雨の際には、稜線の急傾斜のササ原を起点として土石流が発生しているが、これは百年確率の集中豪雨であったといわれ、必ずしもシカ食害のせいではない。だがその後のシカの食害によるササ原全般にわたる枯死と樹林内の林床植生の喪失は、著しく森の力を弱めた。今や、三嶺の森はボロボロになっているのである。それもごく短期間に進行し、今では、大雨ごとに腐葉土・表土が流れ、新たな土壌侵食が進む。集中豪雨に襲われたらひとたまりもなく、土石流の発生等、土砂災害につながる危険性は高まる一方である。そればかりでなく、ダム下流にも長期間濁水をもたらし、農業被害や川魚の生息を脅かす。

シカ食害によって、土壌侵食や土砂流出がどれくらい進むのか。この課題に関する調査研究は、神奈川県の丹沢と長野県の南アルプスのスーパー林道や仙丈ヶ岳近くで行われたものがある。丹沢の堂平のブナ林では、林床植生が豊かな場所からの土壌侵食はほぼゼロであったのに対して、ほとんど植生のないところでは二〇〇五年にほぼ一センチメートルも表土が侵食されていた（石川ら、二〇〇七）。これは一ヘクタールに換算すると一〇〇立方メートルもの土砂が流出することを意味する。また、南アルプスでの調査は標高の異なる三カ所で行われているが、このうち戸台調査地（標高一〇二〇メートル）では、かなり食害がひどいイタヤカエデ・コナラ林内で行われた。二〇〇七年に柵で囲ったシカ排除区と、囲わないシカ侵入区とでは、二〇〇八年一二月〜二〇〇九年九月までの第二期において顕著な差が見られた。すなわち、排除区では植生が生えてきたこともあって、ヘクタール当たりの土壌侵食量（流出量）は二・一五トンであったのに対して、シカ侵入区では三五・九トンに達している（吉村ら、二〇一〇）。林床に植生がわずかしかないことと、シカによって踏み荒らされた結果が土壌流出を引き起こしているのである。

三嶺山域などの源流の自然林（二〇〇〇ヘクタール以上）は、土壌を培い、水を安定的に供給してきた盤石の森であったが、今や森林の衰退とともに大量の土砂流出源となった。豪雨がくれば、物部川に大量の土砂が流出し川の生態系を細らせ、ダム湖に砂利を溜め、下流には長期間濁水をもたらす源ともなった。二〇一〇年の物部川のアユ不漁の要因の一つと考えられる。

2　なぜシカは増えたのか

シカ変化の全国的動向

シカは多くのところでは一九八〇年代から増加し始め、本格的には九〇年代、そして二〇〇〇年代に急増してきた。図1-3は、全国のシカの捕獲数の変化を示したものである。一九九〇年代以降著しい増加が見られ、二〇〇八年度には実に二五万頭（暫定値）にも達している（環境省、二〇一〇）。これは、シカの生息数の増加をほぼ反映するものといえよう。なお、二〇〇九年の都道府県別捕獲数で多いのは、北海道の九万二〇一五頭を筆頭に、長野、兵庫、熊本、高知が一万頭を超えている。

次に図1-4は、シカの生息数の変化と、その要因を示したものである。大雑把な流れは、過去百数十年の間に生息数はU字曲線をたどってきたと推定される。明治期から大正期、昭和初期にかけて、北海道をはじめ全国的に乱獲が行われ、シカ生息数は激減をたどっている。原野・山林への開拓入植や中山間地域の集落の人口増加が進み、それとともに皮や角、肉を獲るために狩猟が盛んに行われた。東北から長野にかけては職猟師のまたぎ集団（主にクマなどを獲る一〇人前後の猟師の集団）が有名であるが、各地方でも自給生活を余儀なくされた山間の集落では肉や毛皮を確保するために、クマ、イノシシ、シカ、タヌキ、ウサギ、鳥などを対象に盛んに狩りが行われていた。

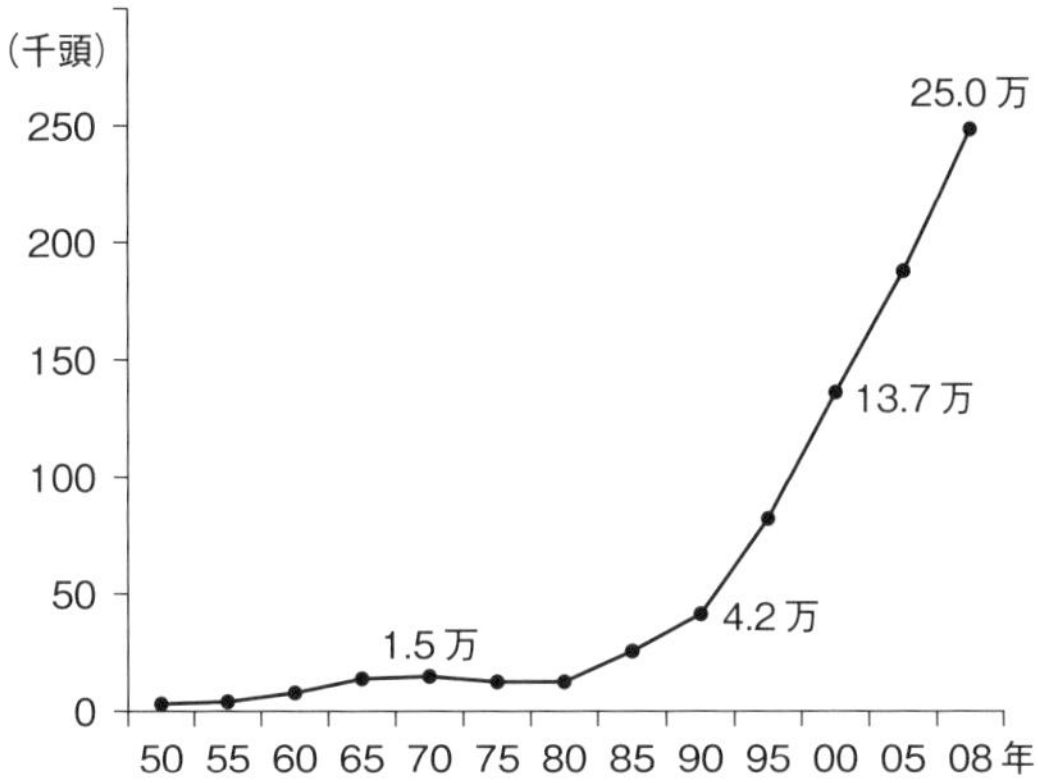

図１－３　全国のシカ捕獲数の推移（環境省調べ）

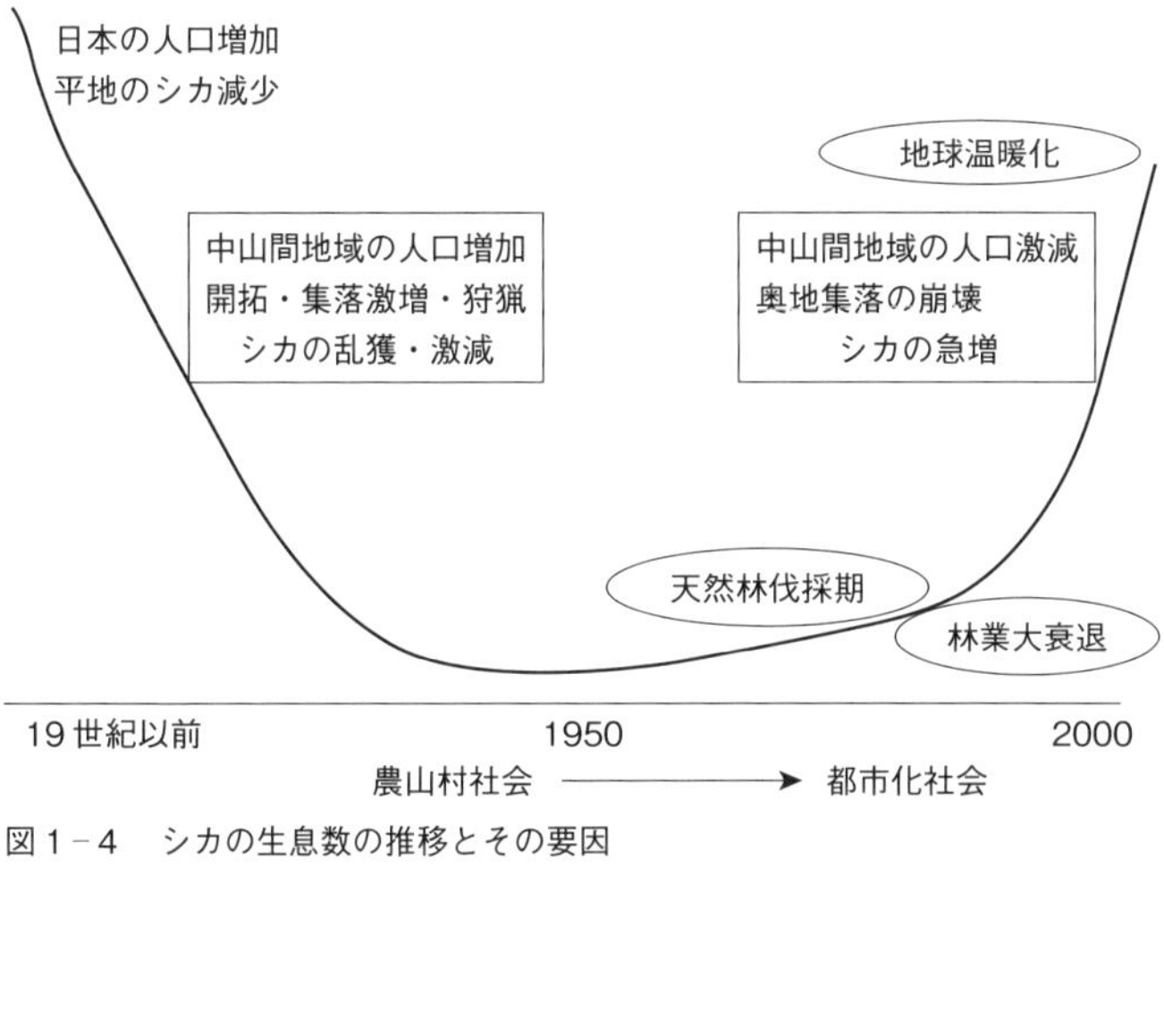

図１－４　シカの生息数の推移とその要因

1892年	1歳以下のシカの捕獲禁止・1年の内、禁猟期の設定
1947年	メスジカを狩猟鳥獣から除外
1978年	オスジカの捕獲を1日1頭に制限
1994年	「保護管理計画」策定県にメスジカ捕獲の解禁（北海道、岩手、兵庫、長崎でメスジカ解禁）
1999年	鳥獣法の改正により**特定鳥獣保護管理計画**制度（高知県のメスジカ狩猟解禁は05年から1日1頭、08年から無制限）

表1-1　シカ激減期の保護政策から激増期の「保護管理計画」へ

シカは年一頭しか子を産まないことと、本来平地を好み比較的集団で暮らすこともあって、乱獲によって激減しやすい生き物である。開拓入植が進んだ明治初期の北海道ではエゾシカを産業資源として位置づけ、毛皮や肉の缶詰として輸出のために大乱獲が行われた。そして、豪雪もあってエゾシカは短期間で絶滅に近いレベルにまで減少した（梶ら、二〇〇六）。

昔から狩猟の盛んな高知でも、山間集落の古老の話によると周辺の山々で集落民が共同で狩りをするが、焼畑地では獣害から農作物を守るために、また自給作物を補うタンパク質資源として生活のために狩りが行われていた。そのため、シカはイノシシなど他の獣類に比べて早くから身近な生き物ではなくなっていたそうだ。程度の差はあれ、シカは全国的に産業や生活資源のために乱獲され、地域個体群によっては絶滅といわれるほどに激減していったのである。

そのため、政府はシカ保護政策を実施せざるをえず、一八九二年には、それまで年中猟が可能だったものが三月一五日から一〇月一四日までを禁猟とし、一歳以下の子ジカの捕獲を禁止した。そして一九四七年にはメスジカの捕獲禁止等の措置をとった。地方レベルでも、北海道、岩手、神奈川など一定期間を禁猟にしたところもあった。こうして、シカが激減した中、一九四〇年代から九〇年代にかけて狩猟を規制し保護の時代が続いた。

シカの増加に転じた要因――基本は社会構造の変化

シカが増加に転じた要因は地域によって多少異なる場合があるが、一般的には、（1）メスジカ保護政策、（2）高度成長期の奥地林伐採と拡大造林、（3）地球温暖化と豪雪の減少、（4）中山間地域の衰退と耕作放棄地の増加、（5）猟師の減少、（6）林道等法面緑化や荒廃地緑化、（7）天敵であるオオカミの絶滅などが挙げられている。

そして、あまり言われていないが、これらの要因のいくつかを引き起こしてきた社会の構造変化（大都市化・工業化、グローバル化）と価値観の変化こそが基本的な要因であろう。なお、一〇〇年以上前に絶滅したオオカミを頂点とする本来の生態系の仕組み、天敵の不在はこの間の増減の要因とは関係がない。一〇〇年以上前からすでに人間が自然を支配する不可逆的な仕組みができあがっていたからであり、シカ減少期にはオオカミよりもはるかに強力な「捕食者」となっていたからである。人間の支配下での乱獲や規制、そして自然と生態系の保護管理などの有り様が人間の業と理性の狭間で、いきすぎたり、その逆になったり、ぎりぎりまで行動をしない後追い的対策があいまって過去一〇〇年のシカの増減の結果を招いてきたのである。以下では、近年のシカ増加の要因について（1）（2）（3）についてふれ、項を改めて（4）についてみておこう。

まず、第一にメスジカ禁猟という保護政策は乱獲で激減していたシカの復活に大きな役割を果たした。シカの繁殖形態は、強いオス一頭に数頭のメスがつくというハーレム型なので、オスが狩猟で少なくなっても一定数のオスがいれば次世代には減らすことなくつなげられるからである。メスは二歳以降毎年子を産むことができるので、シカ生息数は豪雪など特別なことがなければ一年に二〇パーセント前後、すなわち四年程度で倍増するといわれており、それによって、徐々に回復に向かいだした（梶ら、二〇〇六）。

メスジカ保護政策を始めた時期は、国有林の奥地に残されていた天然林伐採の時期にもあたる。伐採跡地には植林（スギ・ヒノキ、カラマツ等の植林）が行われたが、伐採後七、八年間くらいは草が多く、奥地の草地面積は数倍増した。このことが過去の乱獲の過程で奥地に閉じ込められていたシカの餌場増につながり、増える要因の一つに挙げられている。ただ、戦前にも伐採は大規模に行われ、植林も毎年一〇万ヘクタール程度行われていたし、原野や採草地（カヤ場）もたくさんあった（図1-5）。

森林地帯全体の草地面積は高度成長期を境にむしろ減少に向かい、一九八〇年代、九〇年代以降のシカの急増期には森林伐採面積と植林面積は過去一〇〇年間で最低となった（図1-6）。一方、これまでに植林された人工林は成長して林床植生が非常に少ない状況に至っている。その結果、今日にかけての草地面積は過去数百年間で最も少なくなった。つまり、シカの餌場は史上最低のレベルに減っているにもかかわらず、シカは著しく増加してきた。そういう観点から、天然林伐採にともなう草地の増加という要因は、その時期に奥地にいたシカが復活する契機として位置づけられよう。そして、餌場が少ない今日、シカは新たな餌場を求めて高山や亜高山から里山にまで広く分布域を拡大しているのである。

第三の地球温暖化については、周知の通り豪雪・大雪の減少によってシカの大量死（ドカ雪に閉じ込められ、餌不足による餓死）が減ってきたこととともに、生息域が拡大したことによる。近年では北海道をはじめ、東北・北陸の一部を除く本州の日本海側や高山・亜高山地帯にも生息域が広がってきている。高山を除いて雪の影響をあまり受けない西南日本では、温暖化とさほど関係なく生息域が拡大して

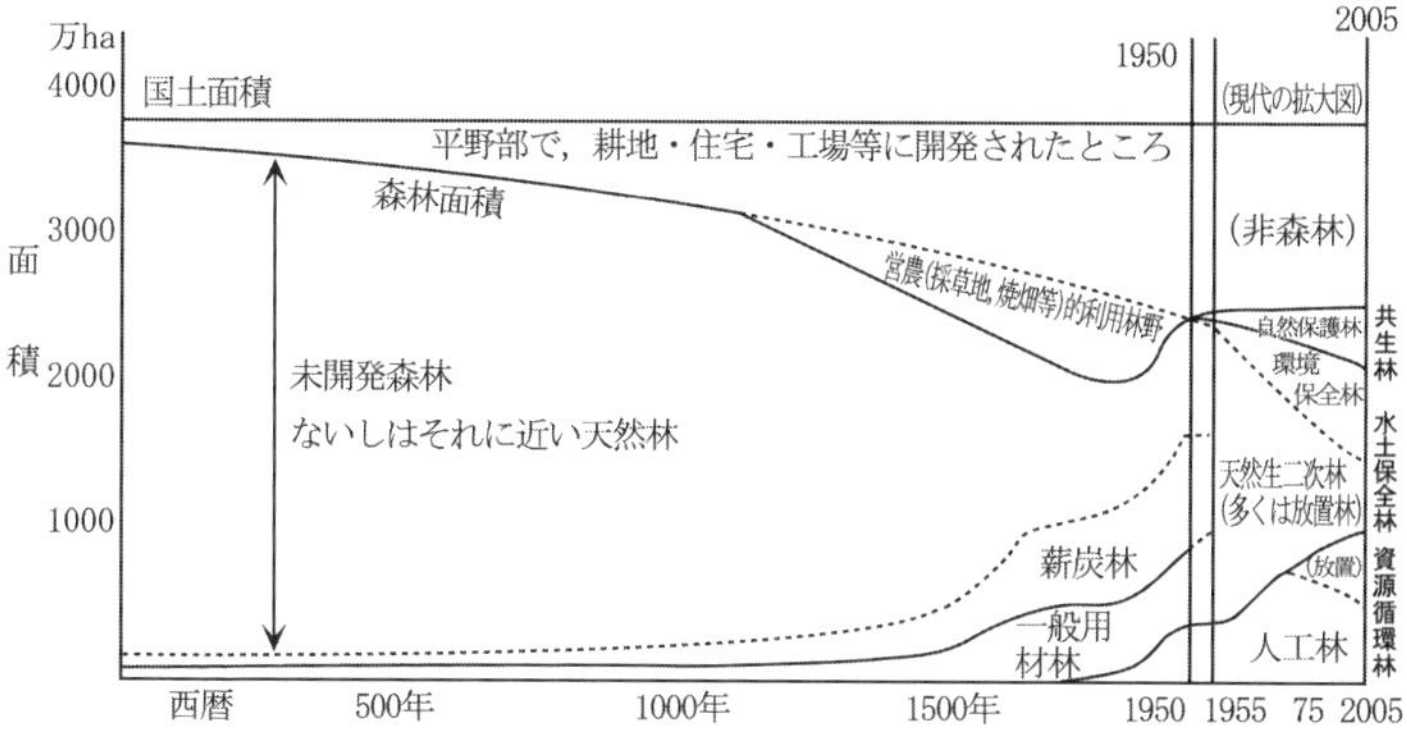

図1－5　日本の森林利用の変化

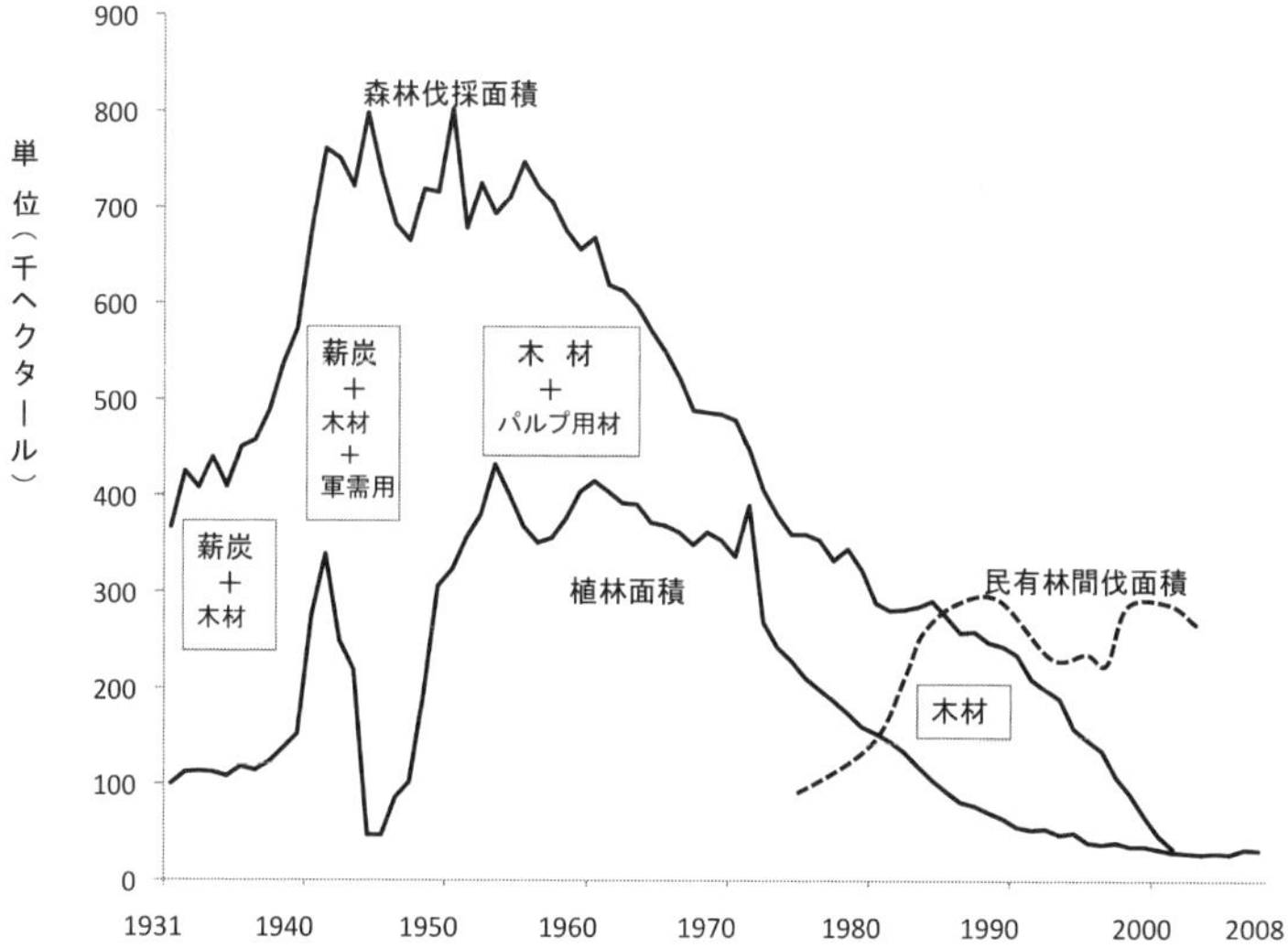

図1－6　森林伐採面積と植林面積の推移（林野庁「林業統計要覧」）

おり、そのことが全体のシカ生息数の増加につながっている。ちなみに、国土に占める分布域（生息区画メッシュ数）は一九七八年の二四パーセントから二〇〇三年には四二パーセントに増加し、生息区画メッシュ数は一・七倍に拡大した（環境省、二〇〇四年）。

なお、山の民が比較的少ない地域、あるいは丹沢や日光など禁猟政策を実施し、シカが生息する鳥獣保護区や国立公園の保護区などが多い地域では全国的激減期にあってもかなりの数のシカが生き延びていたと思われる。シカの増加要因は共通するものがある一方、地域の置かれた条件によってかなり異なる。以下では、四国など西南日本を前提に筆者が基本的要因と考える社会構造の変化について述べる。

四国山地のシカ増加の最大の要因は山村（林業）の崩壊

生息域の拡大をともなったシカの増加は、山の民がいなくなり、山村の人びとと森との関わりが希薄になったことによるところが大きい。とくに、天然林伐採と拡大造林が活発に行われた西南日本では、開発終息後の山村集落の著しい衰退が最大のシカ増加要因といってよいであろう。基幹産業であった林業は、円高・グローバル化のもと外材攻勢にさらされ、木材価格の著しい低落によって成り立たなくなり、産業規模は縮小の一途をたどってきた。再造林を含む日本の植林面積は、高度成長期には年四〇万ヘクタール前後であったものが、一九九〇年で約七万、二〇〇〇年代は三万ヘクタール前後にまで減少した（図1-6参照）。これは戦前期の植林面積をも大幅に下回る。それはそのまま山村の衰退に直結し、それと反比例する形でシカ増加曲線が描けるのである。

剣山・三嶺山系の高知県物部川流域の山奥の消滅寸前の集落では、大半の人びとが去り、残された一軒家で畑を耕しながら余生を静かに送っている九〇歳を超えた元気な老夫婦がいる。暮らしを支えた急傾斜の畑とすぐ近くのたくさんの墓に刻まれた歴史も、多くの家々がたどってきたようにやがて雑草や灌木、そして森林に包まれて消え去る運命にある。

その古老の話では、安政年間にこの地に先祖が住み着き、焼畑自給生活を送ってきたが、その時代からイノシシやシカが出ると作物がやられるので、山小屋に泊まり込んで作物の番をする。さらに集落共同で狩りをする。貴重な蛋白源でうまいイノシシが最も目当てだが、クマやシカ、ウサギ、鳥なども狩る。集落民約三〇〇人、五〇余世帯の半分くらいは村田銃を持つようになったという。さらに、隣の集落（昔の人口五〇〇人以上）には営林署の伐採拠点があって奥地林開発にあたっていたが、作業員も銃を持つ者が多く、趣味と実益を兼ねて狩りが盛んに行われていた。結果、この地域からはシカは姿を消し、ツキノワグマも絶滅寸前に至っている。人がオオカミ以上の「捕食者」となっていたのである。

集落には急傾斜地にへばりつくように石垣の零細な段畑がたくさんあり、コミュニティー活動も活発だった。林業と山村が衰退した今日、多くの小集落が無住地区になるとともに、耕作放棄地が増え、やがて植林や灌木に飲み込まれ、着実に森林還りが進む。それぞれの森林の境界が分かる者もいなくなり、「森林管理の無政府状態」が進む。その一方で、「シカ王国」が築かれてきた。かつての旧物部村（現在の香美市物部町）はピーク時の人口約一万三〇〇〇人が今では二六〇〇人に激減し、高齢化率も五〇パーセントを超え、奥地集落ほど減少率も高齢化率も高いという状況にある。かつて、限りなくゼロに近かったシカの数も今では人口を上回る四〇〇〇頭以上生息していると推定されている。

この地域の集落に再びシカが姿を現すようになったのは、一九八〇年代後半からであり、九〇年代半ばから急増し、二〇〇〇年代には激増段階に入っている。林業の衰退・集落崩壊＝シカ増加という構図は剣山系の徳島県旧木沢村や旧東祖谷山村等にも当てはまる。このように、四国山地の奥地山間の山・森をとりまく環境、とくに人との関わりが著しく希薄化した中でシカが激増し、自然林衰退が起きているのである。なお、以前から地域には狩猟をする人びとは多かったが、一九八〇年代までは約一割の人びとがイノシシを狙うが、ほとんどは個人で鳥（キジ、ヤマドリ、ヤマバト等）やウサギ狩りをしていた。人工林が成長すると草や実が減り鳥やウサギは激減した。それに代わって一九九〇年代に増加しだしたシカとイノシシの猟が中心となり、集落をベースとするグループで狩りをする形に変わった。

3　シカの生息環境と森林

自然林内でのシカの生息数には限度がある

一定の地域でのシカの生息数には、餌となる植生の量によって自ずから限度がある。とくにササ群落が枯死した時、移動先のない島のような閉鎖的な地域ではシカの大量死が起きるといわれている（梶ら、二〇〇六）。三嶺山域を観察していると、シカの餌の量（ストック）は着実に減ってきた。稜線部のオープンなササ原のほかに、山腹部に裾を広げる樹林内にはその一〇倍、二〇倍の餌のストックがあった。樹齢二〇〇年を超える大木が混じる自然林内の林床には年中緑の葉を付けるスズタケが群生し、ところどころに多種多様な草花や灌木が下層を埋めて、豊かな緑を形成していた。自然林内で増えたり、他地域から移住してきたシカにとっ

図1－7　植生も豊かな樹齢270年のトチの木の下層（2000年頃、青木英雄氏提供）

図1−8　現在のトチの木の状況で、夏なのに林床には何の植生もない

て、最初は豊富な餌に恵まれ天国であったに違いない。一平方キロメートル当たり三〜五頭程度の生息密度ならば、自然を壊すことなく共存していたであろう。しかし、生息密度が一定のレベルを超えるとそうはいかなくなる。

近年、私たちが頻繁に通った三嶺山域の代表的な中腹部のさおりが原では、二〇〇七年に一平方キロメートル当たり二七八頭という異常に高い生息密度を示した（四国森林管理局、二〇〇八）。スズタケの藪の中には獣道も多く、至るところ糞だらけで、獣臭も漂っていた。あまりに増えすぎた大食漢のシカたちは、あっという間に林床の草やスズタケを食い尽くし、樹木の多くにも樹皮食い跡を残した。こうして林床植生が枯死した二〇〇九年からは春先にさおりが原を訪ねても糞も足跡も見られないほどシカの密度は減った。初夏から秋口にかけては、草木の新芽や落ち葉があるので、それを漁って生きられる程度のシカが樹林内に生息している。トチの実などが落ちる秋には一時的に多くのシカが集まってくる。冬になって、落ち葉が雪に隠れると樹皮以外に餌はなく、生息密度は四季の中で最も少なくなる。冬のシカの多くは、稜線部や白髪山に残されているササ原などに集まってミヤマクマザサ等を主食とする。同時に樹皮も食べ、今では稜線部のササ原と樹林こそがシカたちの命をつなぐ食料庫となっている。二〇一〇年の春先に、剣山山頂と三嶺の山頂周辺を除いたオープンなササ原の大半が茶色の世界と化したのは、そこにシカたちが集中した結果であったと推察される。二〇〇七、〇八年あたりをシカ生息数のピークとすると、山裾に広がる樹林内の広大な面積のスズタケを失った今日、シカ生息可能数はかなり減っている可能性がある。実際に、登山者からの情報では春先に餓死と思われるシカの死体をしばしば目にするようになったと聞く。ただし、丹沢の同様の経験では、シカは痩せて小型化しつつも、それまで食べなかったものまで食べるようになって、あまり数は減らなかったといわれるから、どうなるか分からない。

人工林とシカの生息環境

スギやヒノキの植林地は、植えてしばらくはカヤなどの草がたくさん出てくる。シカにとって絶好の生息環境となる。草が良い食料となり同時に植林木も食べる。草だけ食べて植林木に被害が出なければ、下刈りの手間が省けて林業家は大喜びだが、現実には植林木も壊滅的な被害を受ける。高度成長期以降の丹沢山系の山麓から中腹部では植林を活発に実施したが、この問題に遭遇して、総延長七〇〇キロメートルもの防鹿柵を設置したほどである。当時シカの生息数がきわめて少なかった四国などでは、植林地のシカ対策は不要でむしろノウサギ対策が中心であった。

高度成長期の植林地は現在三〇年～五〇年生になっており、この頃までは植林木は旺盛に成長する。それ故、適切に間伐などの手入れをしないと、林内に日が当たらないため草はなく、人工林はシカの餌場とはなりにくい。仮に、二〇年生の時に本数割合で三〇パーセントの間伐をした場合、二年目に草が

図1−9　丹沢下堂平の100年生人工林　森林整備が行き届き、テンニンソウが茂る

図1−10　防鹿柵で囲ったところには多様な植生が蘇る

出ても五〜一〇年の内に林冠がうっ閉して再び下層植生はなくなる。ただし、それまでの間はある程度の餌場となりうる。

スギ、ヒノキ林は五〇年生を超えると少しずつ成長が落ちるようになり、七〇年、一〇〇年生になるとさらに成長が落ちる。したがって、適切に間伐がされてきた場合は日が差し込む状態が維持され、林床の草や灌木をより長くとどめることが可能になる。人工林でもシカの餌場としても機能する。

図1−9と図1−10は、神奈川県丹沢の下堂平の一〇〇年生のスギ・ヒノキの人工林である。県が一〇年前に三〇パーセントの抜き伐り（択伐または間伐）を実施したもので、今でも林床に見事な緑を維持している。ただし、シカの採食圧を受けているため、ほとんどはシカの嫌いなテンニンソウである。この状況がまさに「ちょっと変」なのである。この林の上部に防鹿柵で囲われた一角があるが、その中に

はササを含む草本や灌木もたくさん出ており、防鹿柵内外の違いが鮮明である。

また、同じ丹沢山の札掛の県有林の人工林（五〇年生）でも、防鹿柵の中には植生が茂っているのに対して、柵外にはほとんど植生がない。

これらのことからも人工林であっても、適切な手入れ・管理がなされているならば、林床に植生が維持され、シカの餌場として十分なりうることを実証している。

森林の自然衰退とシカ食害による衰退の違い

樹木が枯れ、森林が衰退する原因はシカの食害だけではない。かつて北海道を襲ったように、大型台風の強風で大きなダメージを受けることがある。人為や落雷によって火災が発生することもある。虫に食われ、傷跡から腐朽が進んで弱って枯れることもある。このような災害や虫害に見舞われたとしても、自然の再生力で元に戻るか、本来に近い自然林に遷移する。

原生林を構成するそれぞれの樹木も不滅ではなく、日照獲得競争に負けたり、大木に育っても寿命がくれば枯れる。寿命は樹種によって異なり、長寿もあれば短命のものもある。そのDNAと生育環境によってずいぶん差が出る。屋久島の屋久スギは一〇〇〇年を超えて初めてその名が冠されるように非常に長寿だが、屋久島を訪ねるとスギの巨木群に混じって点々と白骨木が立っている。これは、寿命が一五〇年程度といわれるモミなどが枯れて、白骨化しているのであろうか。ブナも二五〇～四〇〇年で枯れるといわれ、三嶺の森の白髪山登山口周辺でも一九九〇年代に大木が何本か枯れた。しばしば縞枯れが見られるシラビソにいたっては一〇〇年までに枯れることも多く、それも八ヶ岳や蓼科で見たものは水平に帯状に交互に枯れ、剣山では分布の規模が小さいこともあってある程度まとまった空間を開ける形で枯れている。その場合は、たいてい林床に次世代を構成するたくさんの稚樹が出ており、天然更新の一形態なのだ。

自然林の中には、トウヒやシラビソ、ブナなどの純林もあるが、多くはいろいろな樹種が混じり合った混交林である。その中で寿命がきた木が枯れると、その分隙間（ギャップ）ができ、日が差し込むようになり、稚樹が芽生え若木も育つ。倒れた古木に発芽して新しい命を育むこともある（倒木更新）。そのような形で原生的森林は永続的に循環しているのである。

また、ブナ林などの林床植生として広く分布しているササの一種のスズタケの藪も、その群落の寿命は六〇～七〇年あるいは一〇〇年以上という説もあってはっきりしないが、一斉開花ないしは部分開花によって広く枯死することがある。その機会にブナなどの種が発芽して、次の世代の若木が育ち始める。樹木やササなどが、自然の循環サイクルの中で枯れることは森の新陳代謝を進める上で組み込まれた自然なことなのだ。

シカの食害によって、樹木やササ、草花が枯れることは、自然の摂理からすればどうであろうか。

とくに、ウラジロモミやトウヒなどの樹皮はごつごつと分厚いにもかかわらずシカの好物である。稚樹から直径一メートルを超えるような大木の樹皮まで食べる。根株からシカが届く範囲の樹皮を食べ、幹周りを一周するとその木はあっけなく枯れる。一〇〇年、二〇〇年生きてきた大木でも一瞬のできごとで命を落とす。しかも、林床で芽生えた稚樹もすべてあっけなく被害にあう。シカの群れが居着いた後には、シカが届く範囲のものはごく少数の嫌いな植物種を除いて大半はなくなる。その後もシカが嫌いなものだけは残って勢力を拡大するが、その植生は偏ったものとなり、樹木の次世代が育たずに循環系が狂うなど、森林生態系の衰退をもたらす。

4　全国のシカ問題の動向——知床と丹沢を中心として

全国的には東北・北陸の日本海側を除いて、各地にシカの生息域が拡大し、農林業被害、自然植生被害をもたらしていることは周知の通りである。農林業被害については、北海道各地、岩手県の五葉山地域をはじめ関東、中部、西日本など全国各地に広がっている。

私たちが対象としている自然植生の被害地については、とくに目立つところを図1-11に示している。自然植生の被害の先発地としては関東の丹沢、奥日光であり、紀伊半島の大台ヶ原、北海道の阿寒湖周辺、洞爺湖中島などで、一九八〇年代に植生被害が始まっている。九〇年代になると先発地域の被害がさらに深刻になり、周辺地域の尾瀬や知床半島などへと広がった。さらに、二〇〇〇年代になると、南アルプス高山帯、九州山地、そして四国山地へと自然植生の被害が広がり、著名な国立公園や国定公園などにおいて全国的に優れた自然、希少種がダメージを受けるようになった。標高三〇〇〇メートルの南アルプスや尾瀬のようにシカが生息したことのない地域にまで進出し、貴重な高山植物やお花畑を荒らし、樹木を枯らしている。このように各地で進行している事態は、放置できない現代の自然保護問題になっている。ちなみに南アルプスの保護林では約三〇種の希少植物に被害が出ているといわれる（中部森林管理局、二〇〇六；二〇〇七）。

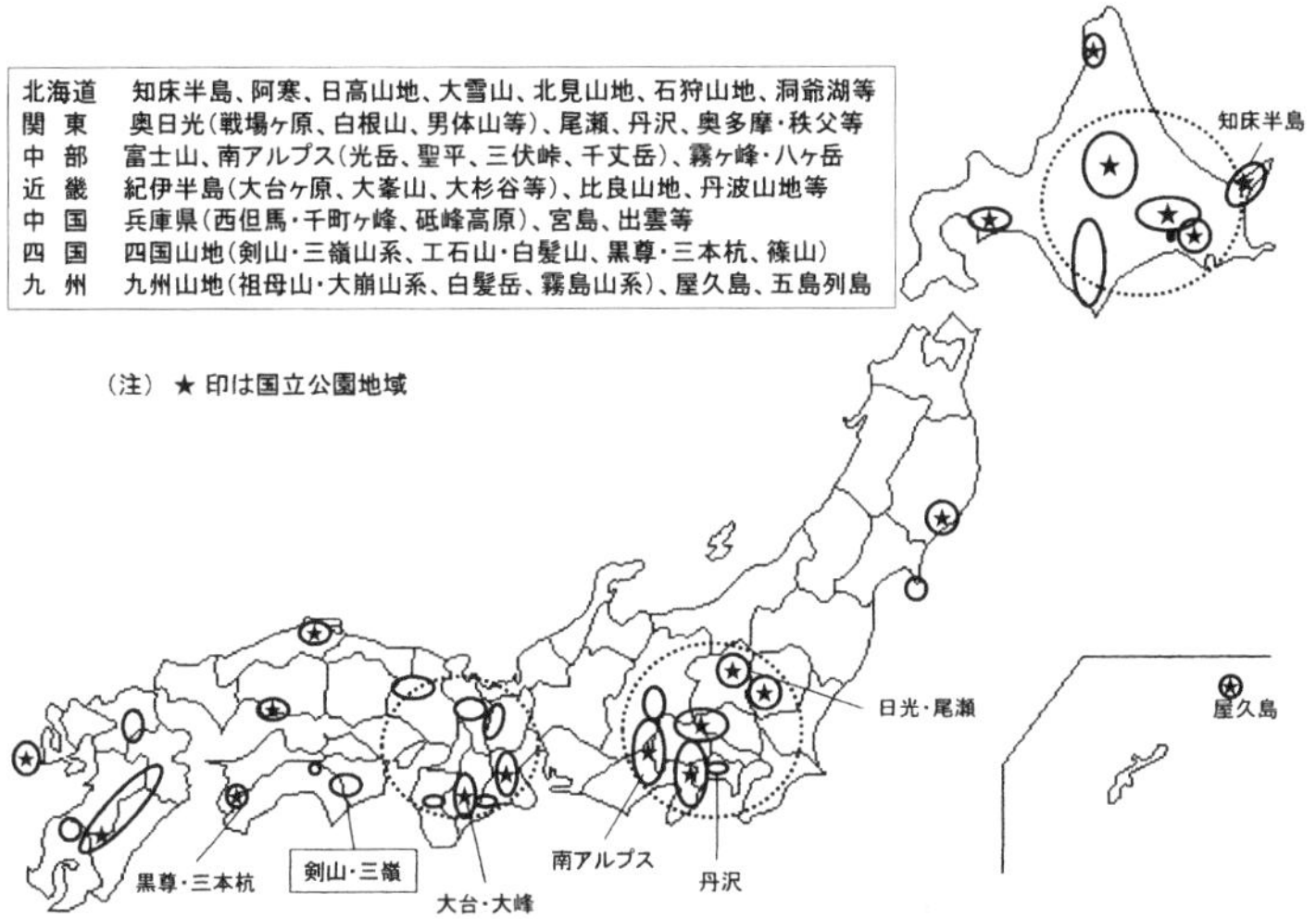

北海道	知床半島、阿寒、日高山地、大雪山、北見山地、石狩山地、洞爺湖等
関 東	奥日光(戦場ヶ原、白根山、男体山等)、尾瀬、丹沢、奥多摩・秩父等
中 部	富士山、南アルプス(光岳、聖平、三伏峠、千丈岳)、霧ヶ峰・八ヶ岳
近 畿	紀伊半島(大台ヶ原、大峯山、大杉谷等)、比良山地、丹波山地等
中 国	兵庫県(西但馬・千町ヶ峰、砥峰高原)、宮島、出雲島
四 国	四国山地(剣山・三嶺山系、工石山・白髪山、黒尊・三本杭、篠山)
九 州	九州山地(祖母山・大崩山系、白髪岳、霧島山系)、屋久島、五島列島

(注) ★印は国立公園地域

図1−11　全国の主要な自然林・自然植生の被害地

日本を代表するこれらの貴重な自然で起きていることは、とくに草本類は一部の毒のある種を除いて多くが食べられ、結果シカが嫌いなものだけがはびこるという偏った植生になり、傾斜地などでは植生が回復しないまま、樹林の下層が土砂だけの「林床砂漠」状態にもなっているところもある。成長した樹木の場合、シカは一部の好みの樹皮を食べるが、広葉樹の中に比較的食べないものが多く、ウラジロモミやトウヒ群落などを除いて、森全体がめちゃくちゃになることはない。しかし、稚樹・幼樹が食べられるので、森の再生と循環が不可能になる。ほとんどのところで、生態系のバランスが崩れ、生物多様性の劣化が進んでいる。山岳地形のところでは生物多様性問題と同時に土砂流出や山地崩壊問題にも直面している。

　各地のシカ問題に関しては、すでに日光（辻岡、一九九九）、知床（梶ら、二〇〇六）、大台ヶ原、屋久島（湯本ら、二〇〇六）等の優れた著作で紹介されている。以下では、それらも参考にしつつ、大自然の代表格の一つ知床のシカ問題と四国山地とも共通する山岳地形を持つ丹沢山系のシカ問題について、自然保護運動の関わりも含めて社会的な視点から概観しておこう。

知床のシカ問題とトラスト運動

知床のシカ問題には二つの視点がある。一つは豊かな生物多様性が評価される世界自然遺産としてのエゾシカ保護管理の課題であり、もう一つは、日本初のナショナルトラスト運動「国立公園内しれとこ一〇〇平方メートル運動」地の森林再生問題である。前者については、ユネスコの世界遺産調査団からの指摘に基づき、増えすぎたシカの管理が課題とされた。エゾカンゾウなどの花々は崖地でしか見られないし、樹皮食いによる森林の枯死・衰退も進み、生態系に影響が出てきている。近年は、高山部のシレトコスミレにも食痕が見られるそうだ。エゾシカの保護管理に関する内容は本書のⅢで述べるとして、ここではトラスト運動地でのシカ問題についてふれよう。

トラスト地は知床観光の拠点の「知床自然センター」から知床五湖に至る道路沿いに広がっており、観光客は行き帰りに必ず目にする場所である。道路沿いはササや樹木が茂っており、シカの姿も普通に見ることができる。知床五湖でも最近設置された木道・展望台からはトラスト地を含めてシカが草を食べている様子がうかがえる。知床の山・森・湖からなる美しい景観に野生のシカがのんびりと草を食んでいる風景は、観光客の誰しもがすばらしいと感じるに違いない。「少し変」と感じる一般の人びとは少ないであろう。また、知床五湖の展望台から二、三頭のシカが見られる程度ならば自然に対してもあ

図1-12　世界遺産知床とトラスト地（ウトロ側　写真斜里町提供）知床の山々と山腹の原生林は国立公園の特別保護区、国有林の森林生態系保護地域等に、ほぼ全域が国指定鳥獣保護区に指定されている。手前の台地はかつての開拓地を買い取って原生林の復元を試みている「しれとこ100平方メートル運動」地、右側の道路は知床横断道路

まり負荷はかからないかもしれない。私が訪ねた時（二〇一〇年九月）は展望台のごく間近に六頭、トラスト地の方向に約一〇頭のシカが見られた。さらに、夕方になると道路の法面や岩尾別川沿いにたくさんのシカが出てきて、計一〇〇頭ぐらいのシカに出会った。明らかに自然のバランスを崩すほどの多さである。

なお、放棄された旧開拓地は一九七〇年代の第一次リゾート開発ブーム期に不動産業者が土地買い占めに入ってきた場所である。業者による乱開発の危機を回避するために、地元の斜里町は一九七七年に都市民の募金によって土地を買い取り、森林の再生を目的としてトラスト運動を開始した。当初、マスコミにも取り上げられたこともあって二〇年間で約五億円の募金が全国から集まり、四七三ヘクタールの土地買い取りが一九九七年にほぼ完了する。これに、町有地などを加えてトラスト地（計八六二ヘクタール）とした。トラスト地の中には、荒廃した旧開拓地のほか、一部に天然林も含まれる。
トラスト地の長期目標（一〇〇〜二〇〇年後）は、次の三つが挙げられている。
・本来この地にあった原生の森を復元する。
・本来的な野生生物群集と自然生態系の循環を再生する。
・トラスト資産としての運動地の適正な公開と保全のシステムを構築する。

一九九七年からは、第二期と位置づけ「一〇〇平方メートル運動の森・トラスト」として新たな活動期に入った。人が植えた人工林を自然の森へと誘導し、長期的にはシマフクロウやクマゲラ、オジロワシなど絶滅危惧種の鳥類も生息でき、河畔林の整備によって岩尾別川にサケ、マスも遡上し、自然生態系が循環する原生の森の復元をめざした。これは、一九八〇年代後半にトラスト運動隣接地の国有林でミズナラなどの大木の伐採が計画され、運動が展開したことと相互に関連している。知床横断道路の南側に位置する伐採地は法的には伐採が許されても、原生林復元運動を展開しているトラスト地のすぐ隣に位置しており、シマフクロウの営巣が可能な原生的森林の伐採は許し難いこととして自然保護運動が始まった。伐採開始とともに、マスコミを通じた世論の盛り上がりによって社会問題となり、伐採反対派の町長の当選で国有林伐採はほどなく中止することとなった（野生生物情報センター、一九八八）。

図1−13　岩尾別川沿いで草を食べるシカ

1964	知床国立公園指定
1966	岩尾別開拓地の 24 戸が集団移転（耕作放棄地化）
1977	しれとこ 100 平方メートル運動開始（旧開拓地買い取り・トラスト運動）
1980	知床横断道路開通（国道 334 号）、遠音別岳原生自然環境保全地域指定
1986	知床国有林伐採問題（知床道路外側、翌年伐採計画中止）
1988	知床自然センター開館（現・知床財団）　この頃からシカ食害始まる
1990	知床森林生態系保護地域指定（伐採問題地も保護林へ）
1997	トラスト運動地の土地購入保全の募金目標達成、第 2 期へ 「しれとこ 100 平方メートル運動の森・トラスト」本格的森林再生事業へ
2004	国際自然保護連合（IUCN）による現地調査、エゾシカ管理の指摘 エゾシカワーキンググループ・知床半島エゾシカ保護管理計画基本方針の検討
2005	世界自然遺産に登録が決定　エゾシカ保護管理計画骨子案
2006	知床半島エゾシカ保護管理計画と合意形成
2007	知床半島エゾシカ保護管理計画実行計画～以降知床岬で管理捕獲実験
2009	知床世界自然遺産地域管理計画～エゾシカ対策とモニタリング実施

表 1-1　知床トラスト運動地、エゾシカ保護管理計画等の変遷

　そうした経緯もあって、第二期は原生林復元を本格的にめざす新たな段階に入ったが、そこに大きく障害として立ちはだかったのが、シカの激増である。一九七〇年代に入り込んだシカは八〇年代、九〇年代にかけて増加の一途をたどり、植林地の幼木とトラスト内外の天然林に樹皮食い被害を与えるようになった。ちなみに運動地では一九七八年から九七年にかけて一二七ヘクタールの植林が行われているが、うち針葉樹（アカエゾマツ、トドマツ計四五ヘクタール）は比較的順調に生育している。一方、広葉樹植林（シラカバ中心、他にミズナラ、ナナカマド、計六七ヘクタール）に関しては、一九八四年以降の植林地は苗木や幼木を食べるシカの食害によって全滅している。その結果、トラスト地では一九八

図1－15　ニレの大木の樹皮を食べるエゾシカ（岡田秀明提供）

〇年代後半ないしは九〇年代早々から、広葉樹の植林や導入ができなくなり、多様性のある森づくりが困難になっていたのである。

それでも、一九九七年からの第二期の森づくりにおいては、「シカを排除しない森づくり」を実行しようとして、防鹿柵を設置し、天然木にもネット巻きを行って樹木の保護を進めた。森林再生事業は、全国からの募金に基づき、斜里町が知床財団に委託する形で行われ、財団職員、「森の番人」、補助員の計三人にボランティアが加わって実施される。けれども、人員が少なく手づくりの防鹿柵内での広葉樹の育成には限界があり、さらに、時には柵が壊されてシカが入り込み、せっかく育ちつつあった広葉樹の苗木が被害を受けることもある。トラスト運動地ではこれまでに植えた木の本数は約四〇万本に達するが、シカの食害が出だして以降今日にかけては、かなりの数の広葉樹が食害で枯れ、樹皮食いで枯死した天然木（ハルニレ、キハダ、ナナカマド、ミズナラ等）も含めると多大な数の樹木が犠牲になっている。

そうした中、第二期から一〇年後にシカをめぐる考え方の大きな変化があった。世界遺産登録に際して指摘されて策定した「知床半島エゾシカ保護管理計画」（環境省、二〇〇六）においてシカの個体数調整事業の実施の方針が固められた。二〇〇七年から知床岬地区で試験的に捕獲を実施することとなっ

図1−16　秦野市から丹沢山系を望む

た。トラスト地のある幌別・岩尾別地区も個体数調整事業の候補地の一つとして挙げられ、これを受けて運動地のシカの扱いに関する方針も「植生への著しい影響が避けられない場合は、個体数調整も含めて検討する」に変更した。知床五湖という大観光地エリアに立地するだけにトラスト地での管理捕獲には難しい問題があると思われるが、目標の実現に向けてそこまで追い込まれているのである。

さて、過去三三年間に及ぶこれまでのトラスト地は、原生林復元という高い目標を掲げて森づくりに取り組んできた。町や財団の努力、全国六万人に及ぶ募金者とボランティアの協力のもとにエゾマツや初期に植林したシラカバの成長など一定の成果をあげてきたことも事実である。その一方、多様で循環する生態系豊かな森づくりという目標は、増えすぎたシカによって困難を極めることになった。今日のトラスト地での数々の経験は、本来あるべき森づくりとシカとの共存・共生がいかに難しいことかを物語っている。

丹沢山系のシカ問題と森林の社会的管理

大都市に立地する神奈川県丹沢山系は、いろいろな顔と役割を担っている。県民ばかりでなく東京からも至近距離にあり、登山にやってくる人びとも多い。神奈川県民にとって丹沢山系は大切な水源の山・森の一つである。

高度成長期には山麓から中腹にかけて開発（宅地、伐採・植林）が行われ、高標高地に残された自然林は県を代表する保護すべき貴重なものとなっている。四国の剣山・三嶺山系とは基本的に同じ役割を担う山岳地形の山であり、自然林である。

全国的なシカ激減期にも一定の数のシカが生息していたとみえて、丹沢山系のシカ食害問題は早くから起きている。一九六〇年代半ばから山麓・山腹部の植林に被害が出始め、そのため県は防鹿柵の設置を開始している。こうして、中腹部の植林地保護から始まり、やがてスギやヒノキが成長すると林床に草がなくなり、餌不足に陥ったシカたちは標高の高い自然林地帯へと分布域を拡大する。

図1−17　ウラジロモミの樹皮を食べるシカ
（永田幸司提供）

ところが、一九八〇年代には丹沢の上部自然林地帯のシカは大雪（八三年）で激減することとなり、憂慮した丹沢自然保護協会は、「シカ猟解禁の再検討」および「丹沢のシカ保護に関する要望」を神奈川県に提出し、「密猟防止キャンペーンでシカのくくりわな探し」を行動に移し九〇年代にかけて実施した（丹沢自然保護協会、二〇一〇）。この時期のシカはカモシカやツキノワグマなどとともに自然保護の象徴でもあった。その一方で、再びシカの増加によって被害が出るようになり、同協会は九〇年ごろからウラジロモミなどの樹皮食い被害を防止するネット巻きボランティア活動も開始している。ブナ林やウラジロモミ林な

1968	丹沢自然保護協会設立（前身丹沢の自然を守る会 1960）
1971	全国自然保護連合の設立（設立総会を丹沢ホームで開催、会長は丹沢自然保護協会の会長）
1972〜	ロープウエイ架設計画に反対・凍結へ、ゴミの持ち帰り運動 清掃登山開始（1974）、唐沢林道建設に反対し県と交渉
1984	県に要望書提出・「シカ猟解禁の再検討について」、「丹沢のシカ保護に関する要望」（1986） 密猟防止キャンペーンでシカのくくりわな探し・撤去 87〜95 年 10 回実施
1990	県に要望書提出・「丹沢大山国定公園の学術調査の実施について」
1993	「日本列島コリドー構想研究会」発足
1996	県に要望書提出・「環境保全センター設置要望」 林野庁・環境庁に要望書提出・「遺伝子を基本としたコリドー設置の必要性」
1997	東京営林局にコリドー設置を前提に要望書提出、丹沢の自然の保全とコリドー構想（98）
1999	県に要望書提出・「丹沢・大山保全計画について」
2002	丹沢フォーラム提言・「シカ生息環境の保全」・「丹沢大山学術総合調査の再実施」
2005	県に要望書提出・「自然環境保全センターの機能強化」
2006〜	県への要望、丹沢大山自然再生委員会への参加、モニタリング調査への参加、情報発信等

表 1-2　丹沢自然保護協会の変遷の概略

どの自然林と大型ほ乳類の存在が丹沢の自然の豊かさとして共存の道を探っていた時期である。

現実にはウラジロモミの大木や稚樹の被害の他にスズタケや多種の草花からなる林床植生が急速に消失し、シカの嫌いなものだけが残るという不嗜好遷移も進行した。今日、堂平などの樹林の下層は本来のスズタケ等の植生が失われ、テンニンソウ、マツカゼソウ、トゲアザミなどわずかな種によって多くの部分が覆われている。それらの勢力拡大は生物多様性確保の視点と水土保全の視点から問題と

（丹沢・大山関係の保全計画・事業）			（水源林整備事業関係）
（1961～70年までシカは全面禁猟、1965年丹沢大山国定公園に指定）			
1970～80年代	モミ・ブナの立ち枯れ（酸性雨説）森林の衰退とスズタケの退行も始まる		
1993～96年	丹沢大山自然環境総合調査	93年	かながわ森林づくり計画
1998年	丹沢大山保全計画策定		（97年 水源の森林づくり事業開始）
（2000～2006年	丹沢大山保全計画）	00年	神奈川県自然環境保全センター
2003年	ニホンジカ保護管理計画策定		
2004～05	丹沢大山総合調査・政策提言	05年	かながわ水源環境保全を再生のための個人県民税超課税（2007年～2012年）
2006年	第二次ニホンジカ保護管理計画策定		
2007年～	丹沢大山自然再生事業		

表1−3　丹沢山系の自然環境保全とシカ対策の変遷の概略

なった。植物種が少なくなると昆虫類・鳥類も減少する。また、元のスズタケは根の張りが強固で、土を抑える力が強く、保水力も含めて水土保全面では盤石であったのに対してマツカゼソウなどはひ弱い。

　ウラジロモミなどシカが好む樹木のほか、シカが樹皮食いをしないブナも檜洞丸地区などで枯れが広がり、全体的に森林の衰退が進んだ。ブナ枯れの原因としては、高度成長期後半からの酸性雨、スズタケなど林床植生のシカ食害後の表土流出による乾燥化、ブナ葉バチの幼虫による虫害、など複合要因が挙げられている（丹沢大山総合調査団、二〇〇七）。

　丹沢の森の特徴は、県による公的管理がどこよりも進んでいることである。県有林と私有林に関しては大切な水源林という位置づけのもとに県費を投入し、近年では多額の独自課税である「水源環境税」（略称、三八億円）が財源となって、水源の森林づくり事業に約三〇億円の費用が投じられ、県主体の社会的森林管理の仕組みが形成されている。山林や立木の買い入れ等による「確保森林」と山持ちと協定を結んで県が整備する「協力協約」などの形で、間伐などの森林整備が実施されている。また、直接間接的なシカ関連対策としては年間約二億円（丹沢大山保全再生対策と渓畔林整備事業等）が充てられている。それだけに、県民が納得いく対策でなければならない。

県は、一般県民と自然保護団体、そして地元が納得いく森林管理の理念のもとに、科学的実証的検証を進めて慎重に対策を講じざるをえない。地元のしっかりした自然保護団体と都市部の市民型ともいえるいろいろな保護団体との二重のチェック、働きかけの中でシカ問題に対する最善の策を出さなければならないのである。

その中でも地元の丹沢自然保護協会は、常に自然保護の課題を提起し、行政に対策を要請することによって、丹沢の自然環境の保全にオピニオンリーダーとしての役割を果たしてきた。一九九〇年以降の自然保護協会と県の自然環境行政の変遷を比べて見ると明らかである。二〇〇〇年代には、自然再生に向けて協働の名にふさわしい展開を遂げ、シカ対策も納得のいく共通の理念と科学的裏付けのもとに保護管理を実施することとなった。

これらの流れの中で、県は各種調査を実施し、二〇〇〇年に「神奈川県自然環境保全センター」を設立し、丹沢大山保全計画実現のための本格的な調査研究を行う機関とした。二〇〇七年からは自然再生事業の中核を担うセンターとなった。センターは、自然再生のための企画、各種調査や実証試験、シカなど野生動物の保護管理、水源の森林整備などの事業を行っている。その中で、シカ関連事業としては、①土壌保全・侵食の防止、②植生保護柵の設置による植生回復、③個体数調整によるシカの保護管理、が中心となる事業である。

5 新たな自然保護問題

自然保護問題の三つの流れ

自然保護問題の第一の大きな波は、図1―18に示すように高度成長期の急激な都市化・工業化のもとで二つの乱開発の時期に起きた。一つは大規模な奥地天然林の伐採開発である。当時、建設・建築用や紙パルプ用の木材は決定的に不足し、価格が著しく高騰したため、国は主に国有林に温存されていた巨樹・巨木からなる天然林・原生林を木材資源として開発対象とした。秋田スギ、木曽ヒノキ、屋久スギ、魚梁瀬スギなどの貴重な銘木や奥山に林立していた多くのブナ林やモミ林なども惜しげもなく伐採対象とされた。この時期の二〇数年の間に、歴史上類をみないペースで天然林の伐採が進められ、それも、雑な林道建設のもとに機械力を駆使し、大面積に皆伐する方式をあわせた効率重視の三点セットで実施されたため、乱伐・乱開発といってよいほどのものであった。

当時、大台ヶ原を源とする三重県大杉谷国有林の伐採最前線を訪ねた時の光景には驚きと畏怖の念を感じざるをえなかった。新しく林道をつけるために切り開かれたブナの原生林が、林道の上斜面にすぱっと切り裂かれて、断面が姿を現していた。数百年のブナの大木は、まるで仁王像のように怒りをあらわにしているかのようであった。南アルプスの赤石山系の中腹部、すさまじい国有林の奥地天然林開発

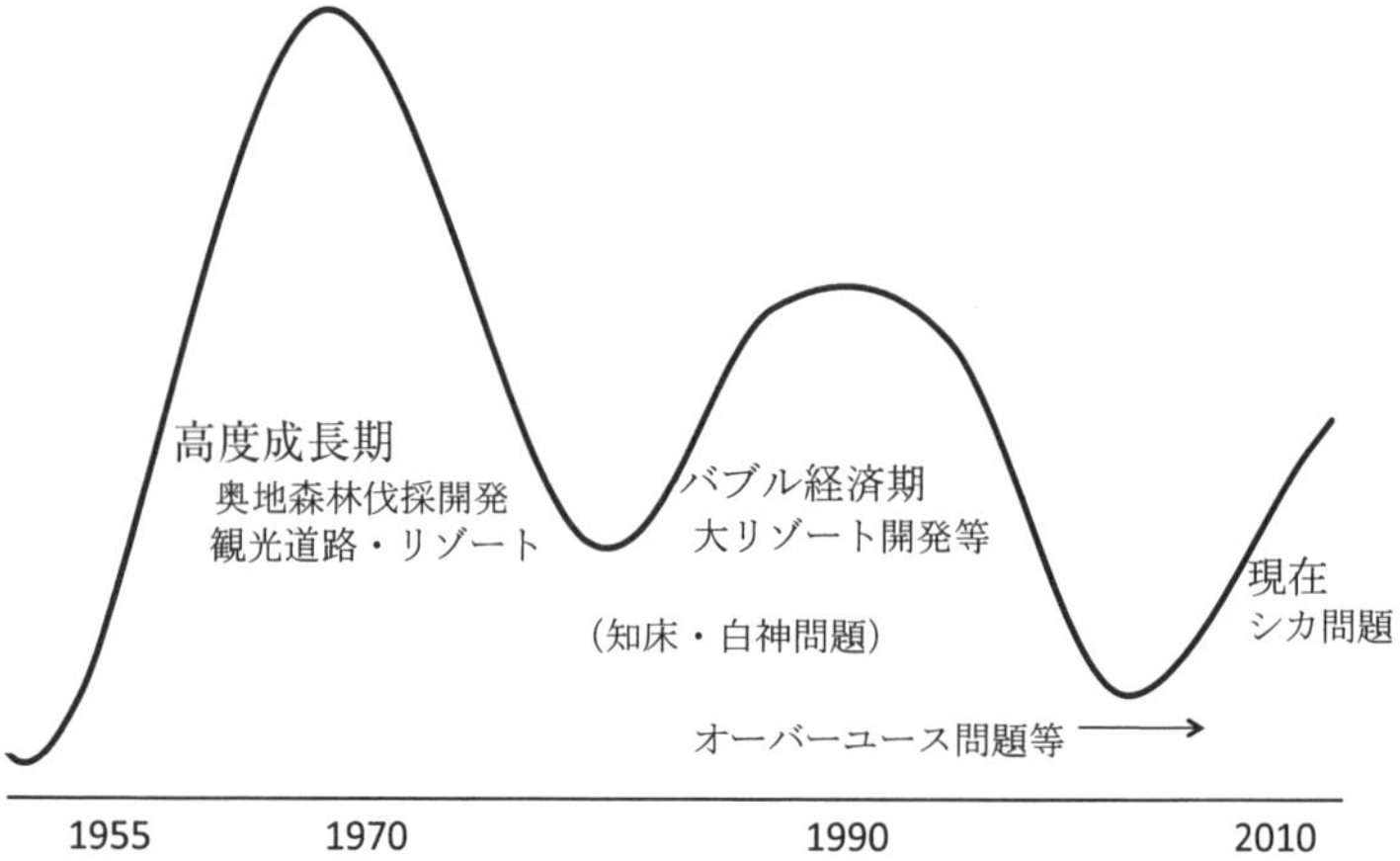

図1－18　森林開発と自然保護問題の変遷

の現場に向かう途中、時には三〇度前後の急傾斜地を斜めに切った線路の上も下も伐採した跡で、植林したてのスギやヒノキの若木がカヤと混じって頭を出していた程度であった。ジーゼル機関車に牽引され、大きめのトロッコに乗って上っていったが、下方を見ると深い谷底まで何もないハゲ山のような状況であった。奈落の底を見る思いで恐怖感にかられたことを覚えている。ところどころにクマを獲るオリ式のワナも仕掛けられていた。和歌山県の大塔山開発では、本来美しい谷に大量の土砂が堆積し、水の流れない荒涼とした風景に唖然としたものだ。そのような状況が各地で見られ、自然破壊問題や洪水等の災害も招いた。

この時期のもう一つの自然保護問題となったのは、国の国土開発計画（「二全総計画」）の下に推し進められた山岳観光道路開発やスーパー林道建設、そして、ゴルフ場、別荘地、スキー場等のリゾート開発（第一次）である。とくに山岳観光道路建設、スーパー林道建設は標高二〇〇〇メートルを超える奥山の急傾斜地を切り開き、土砂を谷に垂れ流しながら行われたため、自然破壊・環境破壊は深刻なものであった。南アスーパー林道、白山スーパー林道、乗鞍スカイライン、石鎚スカイライン、塩那観光道路、富士スバルライン、剣山スーパー林道などをはじめとして全国的に自然破壊問題が多発し社会問題となった。とくに、南アスーパー林道や塩那観光道路では建設に伴う土砂流出と崩壊地が大規模に発生し、石鎚スカイラインでは下流の面河渓谷が当時一〇メートルもの土砂で埋まり、渓谷美が台無しになったことがある。これらの山岳観光開発はやがて歳月の経過とともに落ち着くが、今度は観光客の急増とともに、新たにオーバーユース問題（保護区の踏み荒らし荒廃、乗り入れ自動車の排気ガスにともなう樹木枯れなど）をもたらすようになる。

こうした開発推進政策のもとで行われた乱伐・乱開発に対して、市民・住民が各地で立ち上がり自然保護運動と環境保全運動を展開したことは周知の通りで、この時期に日本で初めて市民・住民による国や開発企業と対峙する本格的な内発型の自然保護運動が燃えさかった。一九六〇年代後半から七〇年代半ばにかけて、実に多くの自然保護団体が設立された。「大雪の自然を守る会」「屋久島を守る会」「早池峯の自然を守る会」、等々の地域の自然を守る会が結成され、七二年時点では約七〇〇にも達したほどだ（日本自然保護協会調べ）。これらの自然保護運動といえば、原生林を守ろう、希少貴重な種の動植物を守ろう、そしてすばらしい自然景観を次世代に残そうとするものであった。それは、大規模な伐採開発や山岳道路建設に対して原生林などの自然そのものを守ろうとする内発的運動であった（依光、一九八五）。

高度成長が終息した後も貴重な原生林の伐採問題はなお各地で点々と発生した。有名なものとして、八〇年代の屋久スギ伐採、知床伐採、白神山地開発問題が挙げられる。マスコミ報道も頻繁に行われたこれらの地域の自然保護運動は粘り強い闘いのもとにやがて世論を味方にして開発を中止に追い込み、八九年には国有林の保護林再編・拡充につながった。くしくもこれら三地域は、今では世界自然遺産に指定されるほど貴重な自然、生物多様性の豊かな自然と評価されている。

第二の大きな波は一九八〇年代半ばから九〇年代初頭にかけての四全総計画・バブル経済期において、ゴルフ場、別荘地、スキー場などのリゾート開発（第二次）が投機マネーを呼び込みながら無秩序に展開した時期に起きている（依光、一九九九）。そして、自然保護問題の第三の波は今日のシカ食害問題といってよいであろう。一九八〇年代は一部の地域でのできごとから九〇年代を経た今日では、豪雪地帯を除く、全国的な問題へと広がりを見せ、さらに拡大の勢いにある。

バブル崩壊後の経済停滞とグローバル化のさらなる進展のもとに、日本の山岳地帯での木材資源利用と観光開発は著しく縮小し、結果、乱開発はなりを潜めるようになった。同時に、グローバル化は山村の中でも奥地の集落のような条件不利地域をさらに集落消滅、崩壊へと追いやった。

今日のシカ問題の起点は、こうした経済社会の動きや開発政策、保護政策と密接にからんで生まれたものである。第一の波、第二の波の時期は、国や企業が経済活動として直接手を下し、しかも全面的に伐採するなど、きわめて大規模な自然の改変と環境破壊が行われた。それに比べるとシカによって引き起こされる破壊の規模は限定的で、ずっとおとなしく、その性格も異なる。だが、国や企業による乱開発後に残された貴重な自然植生が急速に衰退している今日では、シカによる食害から貴重な自然と生態系、生物多様性を守ることも大事になっているのである。

「生物多様性時代」における自然保護――シカ問題への対応

一九九〇年以前の自然保護は、開発を推し進めてきた国家権力、行政（とくに林野庁）や企業に対峙して、自然を守ろうとする反体制的運動の構図のもとに、市民・住民運動として展開した。それに対して、今日の問題はあまりに増えすぎたシカによってもたらされた森林の衰退と生態系のバランスの崩れをどう是正し、土砂流出等環境保全問題をどう解決していくか、という点にある。したがって、対峙する相手（人）が明確にはいないのである。あえていうならばシカ激増に至るまで適切な対策を打たなかった、ないしは放置してきた行政に責任があろう。ただ、かつての乱開発の時代のように行政が主導ないしは直接手を下してきたわけではないので、自然保護団体としても対立関係は起こしづらく、行政に対策を要請するにとどまるケースが多い。時にはシンポジウムなどを開催して、実態を知ってもらい世論を啓発喚起することも運動の一つに位置づけられる。「世論」には、シカは保護すべき生き物だ、という動物愛護の観念が根強く残っているからである。

ところで、前項で一九九〇年代には行政による自然保護政策も森林生態系や生物多様性を重視する方向にシフトしていったと述べたが、その背景には国際的な自然環境保護への動きがあった。周知のように一九九二年の地球サミットで批准された「生物多様性条約」に基づき、国内の課題を解決するために「生物多様性国家戦略」を樹立（第一次一九九五年、第二次二〇〇二年、第三次二〇〇七年、そして二〇一〇年）し、法制度を整備している。その過程で、一九九九年の鳥獣保護法改正によって特定鳥獣保護管理計画制度ができ、そして、同年に希少動植物の生息・生育域を拡大させるための生態系ネットワークとして「緑の回廊」が国有林において制度化された。また、二〇〇三年の第二次国家戦略のもとで

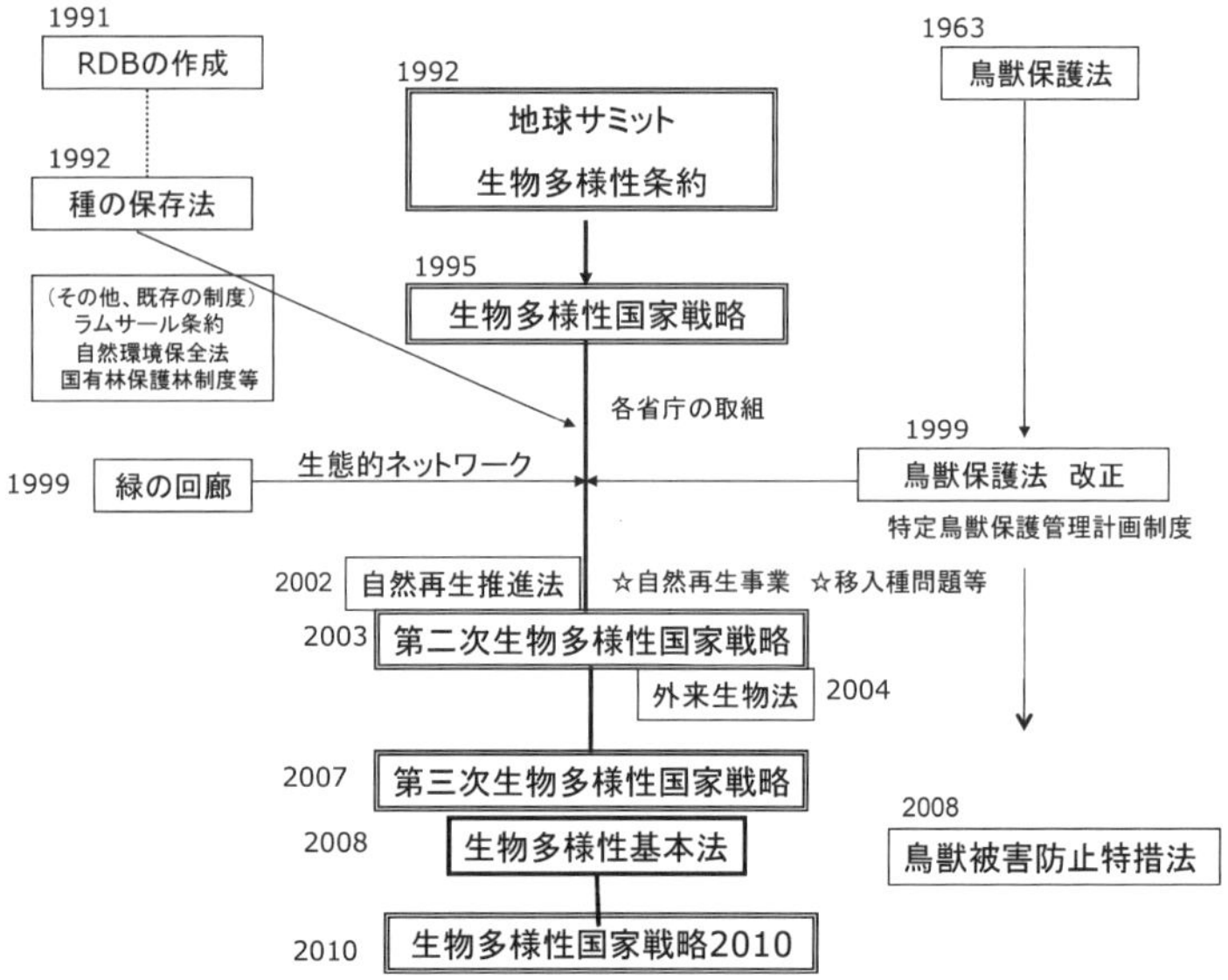

図1-19　生物多様性国家戦略等政策の流れ

は環境省の「自然再生事業」が実施されることとなり、シカ問題関連では直轄事業として大台ヶ原、県主体事業として神奈川県の丹沢・大山、長野県の霧ヶ峰などで再生事業が行われている。

今、「生物多様性の時代」において貴重な自然林と森林生態系が宿す希少種を守るために行政は何をしているのだろうか。政策の流れ（図1-19）に示すように、一九九〇年代は、森林生態系の保護、希少種の保護とその回復をめざす生態系ネットワーク（緑の回廊）が行政や一部の自然保護団体によって提起され、二〇〇〇年代の今日も基本は同じである。生物多様性国家戦略二〇一〇の基本戦略として「生物多様性を社会に浸透させる」、「地域における人と自然の関係を再構築する」、そして「森・里・川・海のつながりを確保する」などが挙げられ、そして後先になるが、基本的視点の中に「地域重視と広域的な認識」、「連携と協働」、科学的認識、社会的な仕組みの再構築などが掲げられている。

筆者は、今日のシカ問題が招いている生物多様性問題（希少種の消滅、森林生態系の衰退など）は、基本的には山村地域における人と自然の関係、あるいは社会的仕組みが壊れたことにあると考えており、農山村社会から都市化社会へと構造的に変化してきただけに元の関係には戻りえない状況にある。そのため自然と人との関係、社会的仕組みをどう再構築するかが、自然を守る鍵を握っていると考えられる。そういう意味では、生物多様性国家戦略の方向は間違ってはいない。だが、「言うは易く行うは難し」がこの分野である。とくに「つながり」では、森と里（人）との関係が断たれ、奥山と農村の間にあった里山において、谷地や棚田の耕作放棄や森林の放置・荒廃が進んだことが、生物多様性を劣化させたばかりでなく、今日ではシカ問題を通じて奥山自然林にまで影響が及んでいるのである。

これらが示すように、シカ問題は対峙する相手が明確でないだけに、現状を科学的に分析し、生物多様性や森林生態系の大切さの意味を認識し、そして地域および広域に連携し、人と自然の関係の再構築によって、さらには行政との協働によって、みんなでシカ問題も何とかしていこうとする形にならざるをえない。丹沢で見た同様の理念と協働の姿、そして二章で述べる剣山・三嶺山系で私たち「三嶺の森をまもるみんなの会」が進めている活動も、そのような方向をめざしており、市民組織と流域の組織、自治体が一体となって主導する仕組みは再構築の一つの形といえよう。一般的には、行政が主導する協議会方式でことが進められるケースが増えている中で、内発的協働型組織と位置づけられよう。

引用・参考文献

梶光一・宮木雅美・宇野裕之編著　二〇〇六　「エゾシカの保全と管理」　北海道大学出版会
河合雅雄・林良博　二〇〇九　「動物たちの反乱」　ＰＨＰ研究所
辻岡幹夫　一九九九　「シカの食害から日光の森を守れるか」　随想社
湯本貴和・松田裕之編　二〇〇六　「世界遺産をシカが喰う　シカと森の生態学」　文一総合出版
野生生物情報センター編　一九八八　「知床からの出発」　共同文化社
依光良三　一九八五　「日本の森林・緑資源」　東洋経済新報社
依光良三　一九九九　「森と環境の世紀」　日本経済評論社
石川芳治・白木克繁・戸田浩人・若原妙子・宮貴大・片岡史子・中田亘・鈴木雅一・内山佳美　二〇〇七　堂平地区における林床植生衰退地での土壌侵食と浸透の実態、「丹沢大山総合学術報告書」　平岡環境科学研究所
環境省ホームページ　狩猟及び有害捕獲等による主な鳥獣の捕獲数
環境省　二〇〇四　自然環境保全基礎調査
環境省・林野庁・文化庁・北海道　二〇〇九　「知床世界自然遺産地域管理計画」
環境省北海道地方環境事務所釧路自然環境事務所　二〇〇六　「知床半島エゾシカ保護管理計画」
環境省近畿地方環境事務所　二〇〇九　大台ヶ原自然再生推進計画　第二期
四国森林管理局　二〇〇八　四国山地緑の回廊（剣山地区）におけるニホンジカの生息密度及び植生被害調査報告書

神奈川県　二〇〇七　第二次ニホンジカ保護管理計画
丹沢大山総合調査団　二〇〇七　丹沢大山総合調査学術報告書　平岡環境科学研究所
丹沢自然保護協会　二〇一〇　ホームページ
中部森林管理局　二〇〇六、二〇〇七　南アルプスの保護林におけるニホンジカ被害調査報告書
農水省ホームページ　二〇一〇　野生鳥獣による農作物被害調査
間野孝裕・藤井恒編　二〇〇九　日本産チョウ類の衰亡と保護第六集　日本鱗翅学会　一九一一一九三
吉村綾・小野裕・北原曜　二〇一〇　ニホンジカの採食と踏み荒らしが高標高域の土壌侵食へ与える影響、中部森林研究NO．五八、二〇三―二〇六
林野庁　林業統計要覧　各年版

II　四国山地の自然林とシカ問題

1 四国山地の特徴と剣山・三嶺のシカの生態

（1）四国山地の森林の特徴

四国の森林は、海岸部の足摺、室戸を中心とする亜熱帯樹（アコウなど）から、高山部の石鎚山、剣山を中心とする亜寒帯樹（シラベ、ダケカンバなど）、そしてその間に上部からブナ群系、モミ・ツガ群系、照葉樹のシイ群系等、多様な群系からなっている（図2−1−1、2−1−2）。このうち、いわゆる四国山地は、シイ群系からシラベ・ダケカンバ群系までの森林帯から構成されているが、原生的森林はモミ・ツガ、ブナ、そしてシラベに至る群系に若干残されているにすぎない。

より里に近いシイ群系は、一〇〇パーセントといってよいほど薪炭林として繰り返し利用されてきたものであり、モミ・ツガ群系からブナ群系にかけても、高度経済成長期までに天然林開発の対象となり、ほとんどがスギ・ヒノキの人工林に転換されてきた。人工林率は、高知県の六六パーセントを筆頭に、徳島県、愛媛県ともに六〇パーセントを超えている。なお、昔からの焼畑利用地などの多くも今では植林地となった。そして、図2−1−2の四角枠内に示すように、これらの人工林は成長とともに多様性に欠け、昆虫や野生鳥獣の餌場としては機能しなくなる。ただし、間伐等の整備が行き届き、林床植生や広葉樹を導入した混交林はその限りではない。

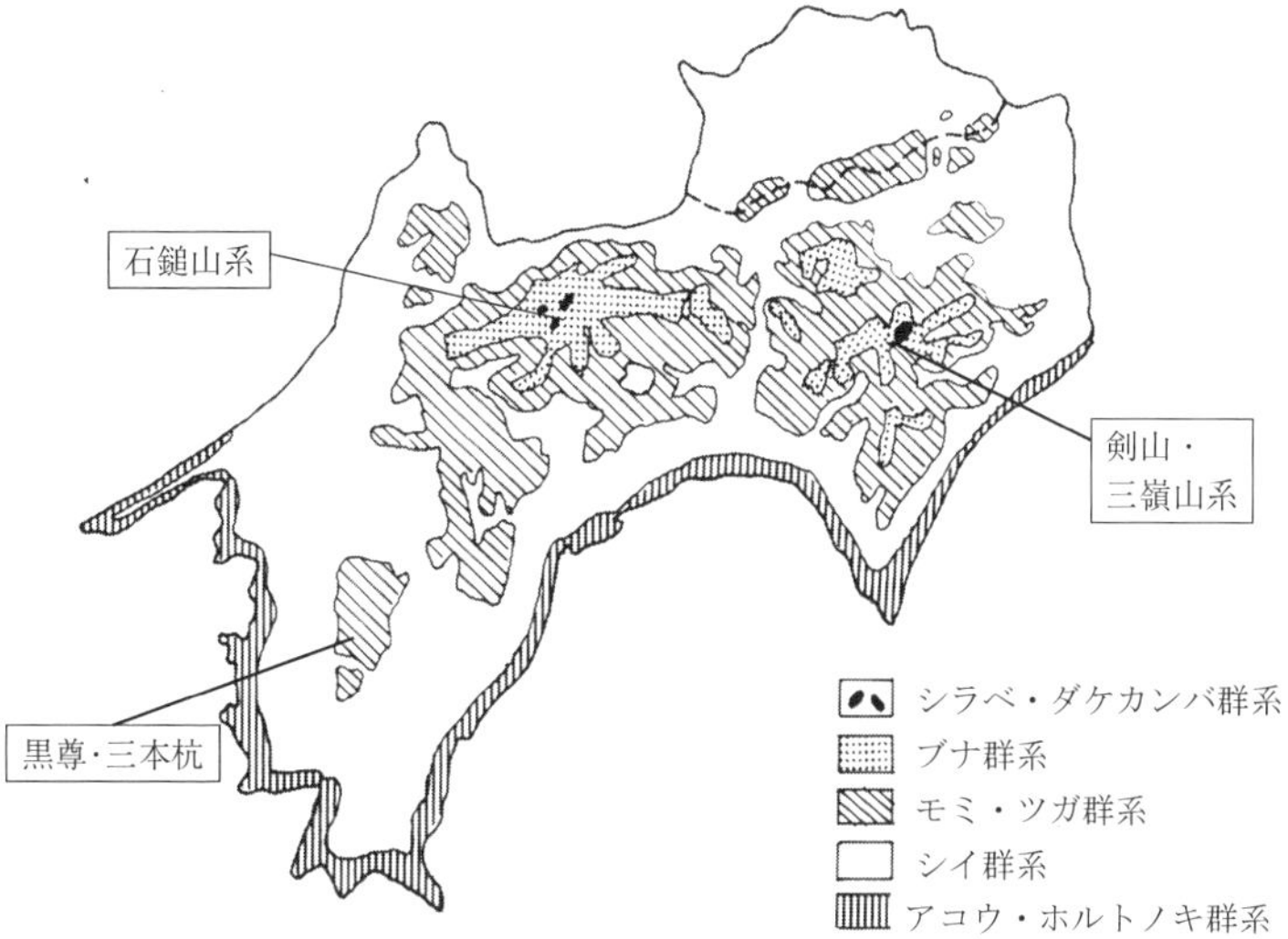

出所）宮崎榊「四国の森林植生と土壌携帯について」

図2−1−1　四国の本来の森林分布

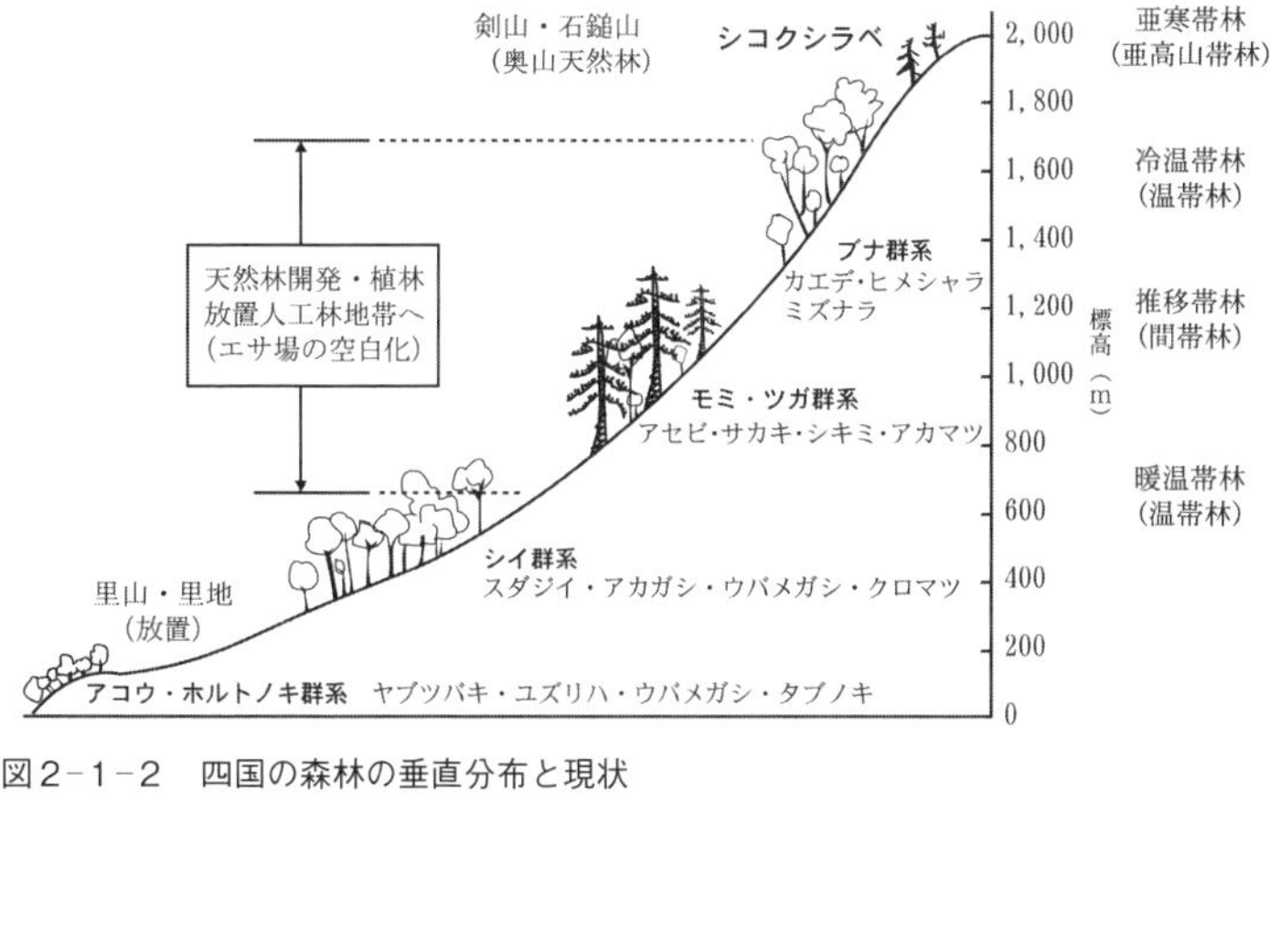

図2−1−2　四国の森林の垂直分布と現状

かくして、四国山地の原生的森林は奥山のごく一部（二〜三パーセント）に残されているにすぎない。その中心が石鎚山系と剣山系なのであり、原生的森林が比較的まとまった面積であるのは、石鎚山の面河渓谷源流部と三嶺の西熊渓谷源流部である。その他、中央部山岳地帯や西部の四万十川流域などに、小面積で点在しているにすぎない。

図2−1−3は、三嶺・西熊山の原生的森林である。手前がモミ・ツガ帯、その奥の中腹部がブナ帯、

図2−1−3　三嶺・西熊渓谷の自然林

図2−1−4　白髪山山腹の人工林

ウラジロモミ、ダケカンバ帯であるが、いずれも多様な樹種からなる混交林である。先に述べたさおりが原は、渓谷の右奥に位置する。平均的な林齢は二五〇年といわれているが、四〇〇年生のハリモミの樹なども混じる。一方、図2-1-4は、三嶺・西熊渓谷の東南側に位置する白髪山である。標高一三〇〇メートルから下部はすべてといってよいほど植林が進んでおり、上部にダケカンバやウラジロモミの天然林がわずかに残るにすぎない。高知県の森林の縮図のようなものだ。なお、二つの山とも稜線部はササ原となっており、これも四国山地の特徴である。

剣山系の森林開発から自然保護運動へ——人との関わりの変化

江戸時代には剣山・三嶺の山々の森林は、藩有の「御留山」として厳重に保護管理されてきた。ところが、明治維新の際、高知県側はそっくりそのまま国有林に移行したが、徳島藩はすべて民間に売り払い民有林となった。一九〇〇年前後（明治末）から大正期に入ると伐採開発の波にほんろうされるようになる。剣山域の山腹部は大山林所有地帯となり、地主は地元の貧困農民を使って、天然林伐採跡地に焼畑造林（農民が間隔を空けてスギを植え、苗木が成長するまでの数年間アワ、ヒエなどの雑穀を作るやり方）が行われ、木頭林業地が形成された（徳島県、一九七二）。高知県側の国有林でも稜線部一七〇〇メートル付近の「荒廃地」（ササ原）に約三〇万本の植林が行われた記録の碑が現地に残されている。その時の植林は、強風や雪に耐えられず見事に失敗し、現在わずかに一〇〇年生程度のヒノキが数百本残されているにすぎない。その後、高知県側物部川流域では大正・昭和戦前期に森林鉄道が建設され、中腹部から奥地に開発が延びていった（依光、一九八六）。

戦後、剣山・三嶺山域などの徳島県側の森林は、主に国土保全・水土保全上重要な森林を買い上げる「保安林整備事業」（一九五四～七〇年）で国有林となったものである。その面積は、矢筈山など周辺部を含んで一万一八九六ヘクタールになった（依光、一九八六）。ただし、剣山山頂から高知県境の稜線から南側、石立山の北側に至る那珂川源流域の森林はごく少数の大山持ちが景気の良かった時代、林業経営目的で所有していたため買い上げに合意せず、民有林のままとなっている。なお、この他、剣山国定公園の中で自然保護上重要な民有地の買い上げも行われた。「特定民有地買い上げ事業」によって一九八六～九五年に三一三ヘクタールが買い上げられ、徳島県有林となった。

その那珂川上流部の民有林は、高度成長期に「剣山開発」（奥地の木材資源開発目的、全国で二カ所、国費投入）が国策として行われ、さらにその後標高一五〇〇メートルにも達する「剣山スーパー林道」の建設（一九七四～八二年、延長八七キロメートル）も行われた（依光、一九八四）。まさに大開発の時期で、ブナ林の大半が失われた。大開発はやがて自然からのしっぺ返しを受ける。一九七六年の大豪雨の際、伐採地・拡大造林地が各所で崩壊を起こした。人家災害も起きた。那珂川上流域の河川は大量の土砂流出によって埋まり、下流には長期間濁水が続いた。現在、旧木頭村側からスーパー林道を上がっていくと、谷川に規模の大きい砂防堰堤がたくさん造られ、大量の土砂で埋め尽くされており、当時の傷跡が残る。徳島県はこの災害を契機に奥地林開発をやめる政策に転換した。

高知県側の三嶺山系の森林でも展開したこうした開発に対して、反開発の自然保護運動も起きた。三嶺については、後節で述べるので、ここでは剣山系に関して年表の形でふれておこう。なお、木材資源開発のほかに、剣山では観光開発も盛んで、一九七〇年には登山リフトの建設も行われ、以降たくさん

1971	徳島県自然保護協会「剣山の自然保護に関する要望書」県山岳協会と協力し、全国署名運動を展開
1972	徳島県自然保護協会「剣山スーパー林道に関する見解」公表
1975	徳島県自然保護協会「剣山の自然保護に関する要望書」 徳島県知事・環境庁に提出 (署名運動〜伐採禁止、スーパー林道計画の中止か変更、貴重植物保護・再生)
1981	ジローギュウ登山道建設中止要望書を徳島県知事に提出
1984	徳島県勤労者山岳連盟等が剣山山頂の観光客による踏みつけ荒廃、オオバコの繁茂等の中、ミヤマクマザサの再生を要請。県は山頂の調査研究を徳島県自然保護協会に委託（86年）
1994	県は山頂に木道を建設し、県・林野庁によるササの植生再生事業も実施へ

表2-1-1　剣山周辺での徳島県自然保護協会等による自然保護運動の概略

の観光客が訪れるようになり、山頂のササ原を踏みつけ、荒廃を起こすなどオーバーユース問題も発生した。

森林開発と自然保護は、天然林伐採の終息と剣山山頂の再生によって一段落した。それらの問題が解決して間もなく、三嶺山域を含めてシカ問題に直面することとなる。

シカの増加と分布拡大

四国山地のシカは、一九九〇年代後半から急増し、二〇〇〇年ごろから自然植生にも被害をもたらすようになる。四国のシカ生息数は、現在、高知県が五万頭前後、徳島県が一・二万頭、愛媛、香川もあわせて計七万頭程度であろう。図2-1-5は、高知県の分布状況を示したものである。

この図からも、シカの生息分布域は二〜三倍に拡大していることが分かる。都市・平野部と仁淀川流域に分布していないけれども、次第に全県下的に広がっている。仁淀川の源流は面河渓谷であり、その源の山が石鎚山だ。今のところ石鎚山系の山々にはシカはほとんど生息しておらず、被害はないが、分布域の拡大の状況から見ても、生息拡大、被害発生は時間の問題かもしれない。

（依光良三）

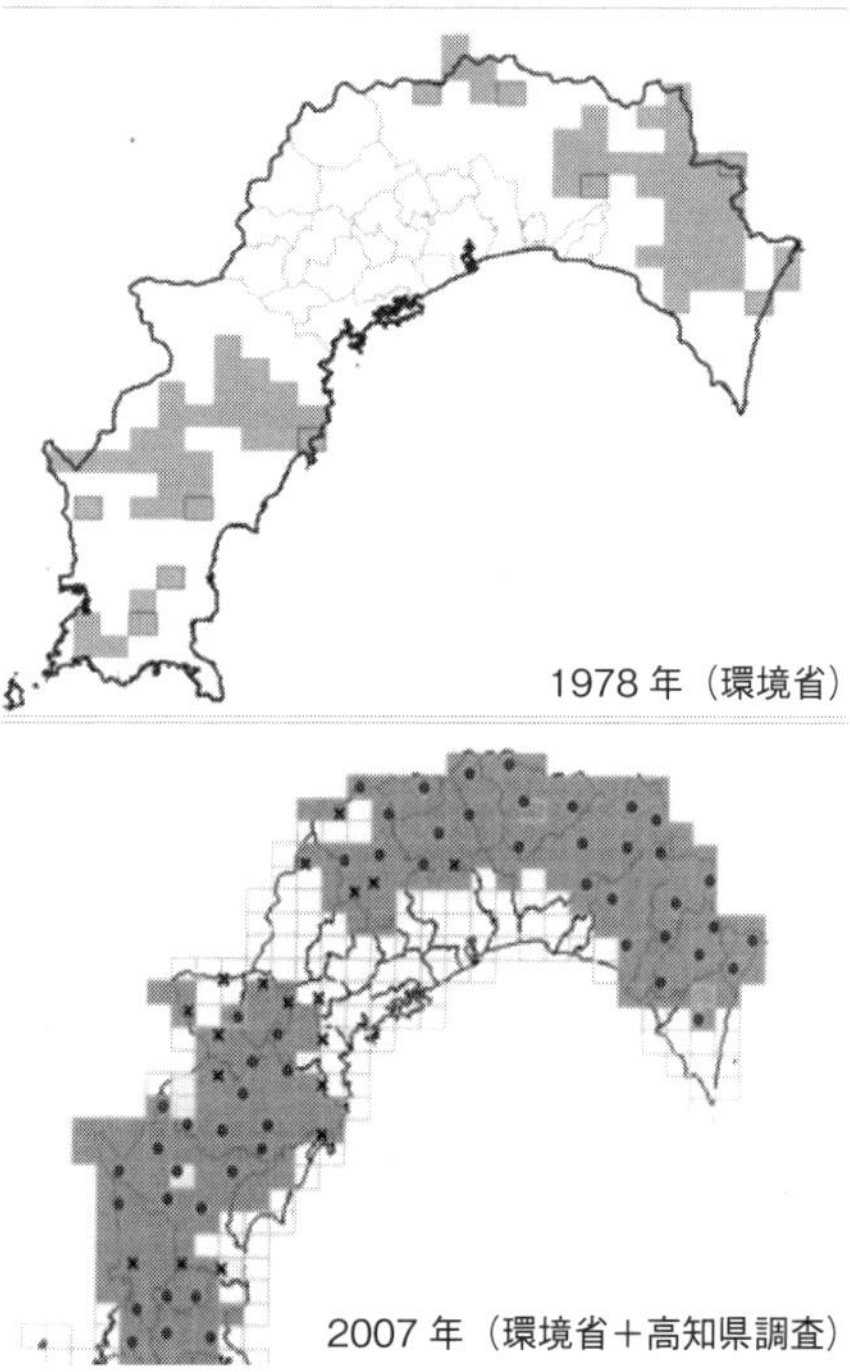

図2-1-5　高知県におけるシカの分布域拡大図
この図は1978年（環境省）、下の図は2007年（環境省＋高知県調査）

（2）剣山・三嶺山系のシカの生態的特徴

はじめに

現在、剣山・三嶺地域ではシカによる自然林への影響が顕著に見られるようになっている。この原因は、以前はシカが生息していなかった高標高域まで進出・増加したことによるといわれている。では、実際にはシカはいつごろから剣山・三嶺地域に生息しているのだろうか。近年、シカが急速に分布域を拡大しているようにいわれているが、実は明治期以前には、日本には現在より広い地域にシカが生息しており、高知県でも海岸付近まで分布していたことが分かっている。たとえば、春野町誌（一九七六）には、「動物については、近世荒倉山が藩の狩場として御留山になっていた時、そこにはシカ、イノシシが多く、藩主たちの狩猟の獲物となっていたが、維新後、御留山制廃止とともに、たちまちにしてこれら野獣の姿は消えた」という記述が見られるし、「土佐の海辺・山地を問わず、鹿の角・耳・肉などを神体・神餞とする神社が比較的多くみられる」という記述があることから（高知県、一九七八）、もともとは全県的に生息し、地域に密着した生き物であったと考えられる。しかし、明治期に入るとともに、シカは乱獲され、四国のシカの分布は大きく分けると剣山山系を中心とした東部地域と西土佐村を中心とした西部地域に分断されてしまった。このようにシカの分布が縮小した時代においても剣山・三嶺地域にはシカが生息していたことは、一九七八年に環境庁（現環境省）が実施した第二回自然環境保全基礎調査の結果から見て取れる。この調査は主にアンケートを中心にした全国的な哺乳類の分布調査であり、対象種にはシカも含まれる。分布はメッシュで示されているが、剣山・三嶺地域にもシカが生息していることが確認されている。

それではなぜ、最近になって自然植生への問題が顕在化してきたのだろうか。その答えを知る手がかりとして、この地域に生息するシカの生態を知る必要がある。

四国では、今までシカの調査・研究はあまり行われておらず、四国に生息するシカがどのような生態をしているか分からなかった。それが、近年の食害問題に付随する形で調査が実施され、それらも分かりつつある。ここでは、剣山・三嶺地域に生息するシカの生態について紹介し、シカによる植生被害問題の原因について考えたい。

体サイズ

シカは、体型や体重などの特徴から七亜種（エゾシカ、ホンシュウジカ、キュウシュウジカ、マゲジカ、ヤクシカ、ツシマジカ、ケラマジカ）に分けられており、四国のシカはキュウシュウジカとされている（大泰司、一九八六）。しかし、遺伝的に調べると、実はこれらのシカは南から進出した南方系と北から進出した北方系の二つの系統に分けられることが分かっている。四国は境界線にあたり、両系統のシカが分布している（Yamada *et al*, 2006）。もともとは二つの系統であったシカが、日本に渡ってきてから地域ごとに適応することで、七亜種に分類されるまで変化したようである。では、剣山山系のシカは本当にキュウシュウジカと同様の体型をしているのだろうか。冬季に捕獲されたシカの体重を見てみると、オスの成獣で平均四三キログラムである。キュウシュウジカのオス成獣が大体五〇キログラムとされているので、剣山山系のシカは少し小型である。

シカの活動を制限する大きな要因として考えられているのは、積雪である。

シカは積雪が五〇センチメートル以上あると、活動に大きな制限がかけられると指摘されている。しかし、シカは北海道から九州まで生息することから、雪が降る地域のシカは積雪に対応した体型に変化している可能性がある。実際にシカの足の長さを比較した例を見てみよう。落合・浅田（一九九五）は、シカの体高に占める後足長の割合を尺度として用いて、シカの足の長さを地域ごとに比較している。これによると積雪がある北海道に生息するエゾシカのオスは四〇・七パーセント、メスが五〇・二パーセント、日光・足尾に生息するシカのオスは五一・九パーセント、メスが五二・〇パーセントであるのに対して、積雪のあまりない千葉県のシカはオスが四四・六パーセント、メスが四七・二パーセントとなっており、千葉県に生息するシカは足が短い。同様に剣山・三嶺地域に生息するシカを見てみると、オスが四九・一パーセント、メスが四八・一パーセントとなり、エゾシカなど積雪地域に住むシカと千葉県のシカの中間に位置することが分かる。気象庁剣山測候所で一九六九年から一九九一年にかけて記録された過去の積雪量を見てみると、剣山では冬に五〇～三〇〇センチメートルの積雪が記録されている。積雪がほとんど見られない地域に生息するキュウシュウジカの結果がないのが残念だが、剣山山系に生息するシカの体型は、もともと千葉県のシカに近かったのではないか。それが、剣山山系の積雪に対応して足が長く変化したのではないだろうか。

図2-1-6　雪により身動きのとれなくなったシカ（渡津友博撮影）

生活

シカが体型を積雪に対応させて変化させたといっても、それには限界がある。多雪地帯のシカは積雪による影響を回避するために、冬季には雪が少ない地域に移動することが知られている。シカの生息地利用は、一年中ほぼ同じ場所で生活する、①定住個体、基本的に同じ場所に生息するが、夏季と冬季で集中的に利用する場所が異なる、②半定住個体、夏季と冬季で利用する場所が大きく異なっており、その二地域を往復して生活する、③季節的移動個体、特定の地域への定住性が小さく、定住場所を求めて移動途中にある若い個体に見られる、④分散個体のパターンに分類されている（丸山、一九八一）。積雪が多い北海道や栃木県日光市のシカでは、季節的移動をすることが知られており、剣山でも冬季の積雪量が五〇センチメートルを超えることから、季節的移動をするのではないかと考えられてきた。

環境省が実施した登山者等の目撃記録では、夏季と冬季で目撃地点の標高には差が見られないという結果が得られている（環境省等、二〇〇九）。また、シカにGPS発信機を装着して行動を記録した調査でも、シカはあまり大きな移動はせず、一年中比較的狭い範囲で生活していることが確認されている（環境省等、二〇一〇）。徳島県が剣山山頂付近で実施しているGPS発信機の調査でも同様の結果が報告されているが、季節移動をうかがわせる行動パターンを見せたシカも確認されている（森、二〇一〇）。すべてのシカが同じような行動をとっているとはいえないが、この地域に生息する多くのシカは、一年中同じ行動域で生活する定住個体であるといえそうである。

行動圏

環境省が実施しているGPS発信機の調査結果を見ると、シカの行動圏面積は〇・三〜二・七平方キロメートルであった（環境省等、二〇一〇）。同様の調査を実施している他地域の結果を見ると奈良県大台ヶ原では〇・八一〜二・〇五平方キロメートル（柴田・日野、二〇〇九）、宮崎県椎葉村では〇・

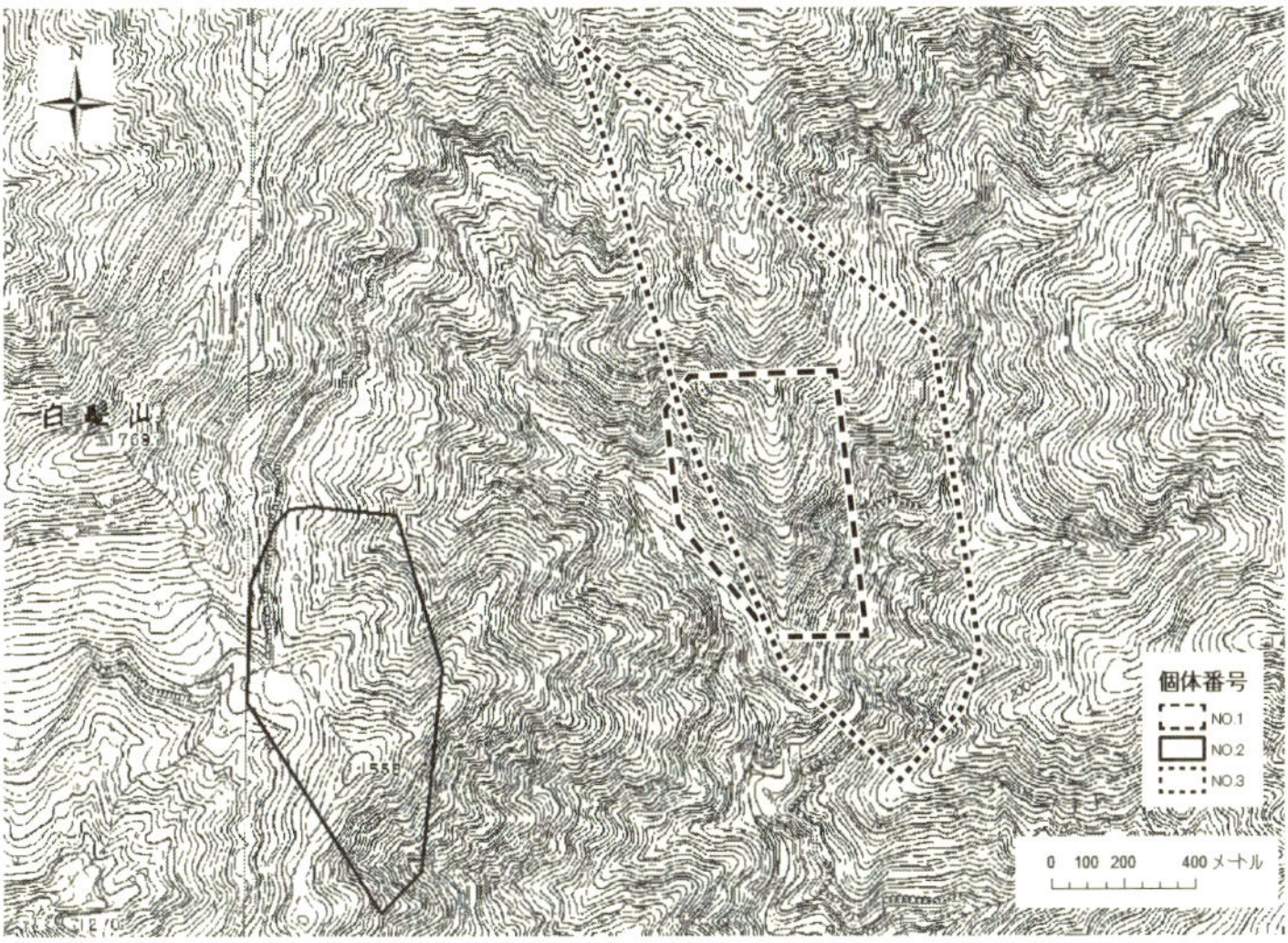

図2-1-7　三嶺で調査されているシカの行動圏
出所）環境省・四国自然史科学研究センター、2010

三および二・〇平方キロメートル（矢部ほか、二〇〇一）である。四国の滑床山・黒尊山国有林では、〇・五平方キロメートルという結果である（奥村、二〇一〇）。これらの結果からも分かるように、季節移動をともなわないシカの行動圏は〇・五～二平方キロメートル程度であり、剣山・三嶺地域に生息するシカが、とくに狭い範囲で生活しているわけではないということである。

群れの大きさ

シカは、一般的に単独か母親とその子どもで構成される三頭程度のメスグループ、オスで構成されるオスグループで行動している。基本的になわばりを持たないが、秋の繁殖期になると一頭のオスが複数頭のメスを囲い込むハーレムを形成する。シカは大きな群れを作って生活しているイメージが強いが、これは、秋から冬にかけてのハーレム形成や積雪などにより形成されるようである。また、草原など開けた環境では一時的に小グループが集まって大きなグループになることもある。剣山・三嶺地域でも、前述のアンケートの結果から、一頭での目撃が最も多く、一〇頭以上の群れはあまり多く目撃されていない。また、一〇頭以上の群れを目撃した季節は一一月～二月などの秋から春に集中している（環境省等、二〇〇九）。つまり、剣山山系のシカも基本的には三頭前後で行動していることが多いと思われる。大きな群れが見られるのは、ハーレムの形成や、積雪の影響による利用地の減少、餌場への個体の集中などによるものと考えられる。

生息密度

では、剣山山系にはどのくらいのシカが生息しているのだろうか。最近の植生被害問題に関連して、環境省、四国森林管理局、徳島県および高知県が糞粒法によって生息密度調査を実施している。その結果から、国指定剣山山系鳥獣保護区の中には平均すると九・八二頭／平方キロメートルのシカが生息していることが推定された（環境省等、二〇一〇）。ただし、場所によっては平方キロメートル当たり一四六頭（さおりが原）、三八頭（剣山・お花畑側）など高い密度が推定されている。二六カ所の調査地のうち、生息密度の高いカヤハゲ・韮生越などが外れており、比較的密度の高い稜線部の調査地は四カ所にとどまっていることも、生息密度の平均推定値がやや低めになっている要因かもしれない。

特定鳥獣保護管理計画技術マニュアル（ニホンジカ編）（自然環境研究センター、二〇〇〇）によると、シカが農林業に被害を出さない生息密度は一～二頭／平方キロメートルであり、自然植生に影響を出さない生息密度は三〜五頭／平方キロメートルとされている。剣山山系には自然植生に影響が出ないとされている生息密度の三〜四倍程度、場所によっては一〇倍以上のシカが生息している可能性があり、そのことで植生に多大な影響を及ぼしているのである。

食性

草食獣はその名前の通り、植物を食べて生活している動物である。しかし、植物を食べるといっても種ごとに違いがあり、特徴によりグレーザー型とブラウザー型に大きく分けられている。グレーザー型は、栄養は少ないが大量に得られる植物を主食とするタイプである。ブラウザー型は、量は少ないが高栄養の植物を主食とするタイプである。シカはこの中間型に位置し、生息地の環境によって柔軟に食べ物を変化させる動物である（高槻、二〇〇六）。日本に生息する大型草食獣では、シカのほかにカモシカがいるが、カモシカはブラウザー型に類型される。シカとカモシカの分かりやすい違いの例として「剥皮」が挙げられる。シカは食物がなくなると、木の皮を剥いで食べだす。しかし、カモシカはいくら食物条件が悪化しても剥皮はしない。全国的に見ても、カモシカが剥皮したという報告はなく、四国のカモシカの胃内容物を調べても確認されない（金城、未発表）。シカは樹皮まで剥いで食べる動物であるため、植生に大きな影響を与える。

実際に剣山・三嶺地域でのシカの冬季の食性を見ると、ササや針葉樹、樹皮など様々なものを採食しているのが分かる。また、経年的に比較すると、採食状況の悪化も見られる。三嶺で冬季に捕獲されたシカの食性は、二〇〇九年度には樹皮が占める割合が三九・五パーセントだったのが、一〇年度は樹皮の割合が一パーセントに減少している。その代わりに枯葉の割合が五・八パーセントから四四・二パーセントに増加している（環境省等、二〇〇九：二〇一〇）。北海道の洞爺湖中島でも同様の食性の変化が確認されており、枯葉を主な食物とするのは、採食状況が最も悪化した時であることが指摘されている（梶ほか、二〇〇六）。食物条件の悪化はシカの生息状況にも悪影響を及ぼす。シカの妊娠率はかなり高く、八〇パーセント以上が普通である。妊娠率の低下は起こりにくく、栄養状態がかなり悪くならないと起こらない。ところが二〇〇九年度に三嶺で捕獲されたシカの妊娠率は一四・三パーセントにまで下がっていた。この結果は三嶺に生息するシカの状況がかなり悪化していることを示している。ただし、これは剣山・三嶺地域全体で起きているできごとではないようである。二〇一〇年度に徳島県側で捕獲されたシカの食性を見てみると、枯葉が占める割合は一一・六パーセントと多くない。また、妊娠率は一〇〇パーセントであった（環境省等、二〇一〇）。このことは、剣山・三嶺地域がすべて同じ状況になっているわけではなく、シカの密度や植生条件と関係して、比較的狭い範囲で状況が異なることを示している。

まとめ

こうして明らかになったシカの生態を踏まえてみると、どのような経過をたどってシカが植生に影響が及ぼしてきたのかがよく分かる。

剣山・三嶺地域に生息するシカは一年を通じて比較的狭い範囲で暮らしている。群れは季節的な条件により大きな群れになることもあるが、基本的には一～三頭程度の小規模である。この地域には昔から生息していたが、近年、個体数を増加させ、高い定住性を持つことや食性に柔軟性を持つことで地域の植生に影響を及ぼすようになってきた。また、それらの特質はシカ個体群にも栄養状態の悪化やそれにともなう妊娠率の低下など悪影響を及ぼしている。剣山・三嶺地域でのシカの生息密度は、自然植生に多大な影響を与える範囲まで増加しており、捕獲などによる個体数の軽減が急務の課題である。しかし、シカが増えた原因を特定し、改善していかなければいつまでもこの問題は解決しない。

図2−1−8　剣山スーパー林道の法面で採食するシカ

シカが増加した原因としてよく挙げられるのが拡大造林である。拡大造林によってシカの食物が増加して、それにより絶滅寸前と考えられていたシカが激増したという話だ。大きな視点ではこの考えは間違っていないと思うが、地域の問題を解決するには、より地域に根ざした原因の特定が必要である。千葉県房総半島や屋久島、大台ヶ原では林道沿いなどの生産性の高い植物群落がシカの個体数増加の原因になったことが指摘されている（柴田・日野、二〇〇九）。剣山・三嶺地域で考えると、剣山スーパー林道や林道大栃・別府線などがシカの食物供給に多大な貢献をしていると考えられる。また、小規模の造林についてもシカの個体群維持に貢献していると思われる。これらを見てもシカの増減には人間活動の変化が大きく影響していることには間違いない。問題を解決するためには、シカを捕獲して終わりということでは

なく、人間活動を見直し、自然への影響をなるべく軽減させる努力も必要である。（金城芳典）

引用文献

徳島県　一九七二　徳島県林業史　徳島県
依光良三　一九八六　森林開発に関する研究　高知大学農学部紀要　第四八号
依光良三　一九八四　日本の森林・緑資源　東洋経済新報社
春野町史編纂委員会編　一九七六　春野町史　春野町
梶光一・宮木雅美・宇野裕之編著　二〇〇六　エゾシカの保全と管理　北海道大学出版会
環境省・特定非営利活動法人四国自然史科学研究センター　二〇一〇　平成二一年度グリーンワーカー事業（国指定剣山山系鳥獣保護区におけるニホンジカ対策調査）業務報告書　環境省
環境省・特定非営利活動法人四国自然史科学研究センター　二〇〇九　平成二〇年度国指定剣山山系鳥獣保護区におけるニホンジカ対策調査報告書　環境省
高知県　一九七八　高知県史　民俗編　高知県
丸山直樹　一九八一　ニホンジカの季節移動と集合様式に関する研究　東京農工大学農学部学術報告二三
森　一生　二〇一〇　剣山山頂周辺における自然植生へのニホンジカの影響とその対策　蝕まれる三嶺・剣山系の自然―シカによるササ原・樹木被害状況「公開報告会」（3）―資料集
落合啓二・浅田正彦　一九九五　房総半島のニホンジカにおける体サイズの加齢成長　千葉中央博自然

誌研究報告三（2）：二二三―二三二
奥村栄朗　二〇一〇　四国南西部・三本杭周辺のニホンジカによる天然林衰退　シンポジウム深刻化する剣山山系におけるシカの食害資料集
大泰司紀之　一九八六　ニホンジカにおける分類・分布・地理的変異の概要　哺乳類科学五三：一三―一七
柴田叡弌・日野輝明編著　二〇〇九　大台ケ原の自然誌―森の中のシカをめぐる生物間相互作用―東海大学出版会
高槻成紀　二〇〇六　シカの生態誌　東京大学出版会
矢部恒晶・小泉　透・遠藤　晃・関　伸一・三浦由弘　二〇〇一　九州中央山地におけるニホンジカのホームレンジ　日林九支研論文集五四
Yamada, M., Hosoi, E., Tamate, H. B., Nagata, J., Tatsuzawa, S., Tado, H.and Ozawa, S. 2006 Distribution of two distinct lineages of sika deer（Cervus nippon）on Shikoku Island revealed by mitochondrial DNA analysis MAMMAL STUDY31（1）：23–28.
財団法人自然環境研究センター　二〇〇〇　特定鳥獣保護管理計画技術マニュアル（ニホンジカ編）自然環境研究センター

2 剣山におけるシカ食害問題

（1） 蝕まれる剣山山域の自然

剣山は、西日本二位の標高（一九五五メートル）で、信仰の山とともに「天涯の花」キレンゲショウマに代表される豊かな植生の山として多くの登山者が訪れている。

筆者はこの剣山の東に位置する一の森ヒュッテ（一九三七年開設）の管理人として二〇〇二年に着任して今年で八年目となる。この間見てきた剣山山域のシカの食害による自然環境の移り変わりを紹介する。

剣山のシカ被害の始まり

剣山頂上ヒュッテの新居綱男氏や長年山林労働に携わってきた方たちは一様に「昔はシカを見たことない」と言う。しかし徳島県南部の海部・那賀地域でシカ被害が問題になりだしていた一九九〇年代後半には剣山山系の南面を走る剣山スーパー林道（標高一四〇〇メートル前後）でシカはよく見かけられるようになっていた。

そして、その頃から一部の登山者の間では那賀奥山系でシカによる樹皮剥ぎや角研ぎが目撃されており、「私の山歩き」（泉保安夫著）の登山記録によると二〇〇〇年一一月には徳島・高知県境の中東山尾根で針葉樹の樹皮が剥がされており、その写真が掲載されている。

そのシカが剣山にやってくるとは誰しも思っていなかったが、二〇〇三年にお花畑周辺でイシヅチミズキなどの樹木の皮剥ぎが目に付き始めてシカ被害が問題となり地元の新聞でも「剣山・お花畑周辺シカの食害続出――関係者ら被害拡大心配」（徳島新聞二〇〇三年七月二五日付）と報道された。その

図2-2-1　丸石尾根の被害調査（2005年7月）

図2-2-2　お花畑 樹木疎らになる（2010年）

図2-2-3　キレンゲショウマ

図2-2-4　保護柵設置作業（2006年9月）

後の被害は予想をはるかに超えるスピードで進み、次世代の樹林構成を担う針葉樹の若木などが次々と枯死していった。さらに剣山で最も多くの希少植物が生育している通称「行場」といわれる一帯から大剣神社方面へと、ササや下層植生の食害が拡大しシカ被害が注目されるようになった。

シカによる被害が広がることに憂慮した私は、二〇〇五年六月徳島県会議員に被害調査を依頼し現地に来てもらった。前後して徳島県自然環境担当職員が一の森から丸石への被害実態調査を行った。

その後、二〇〇六年には剣山地域シカ被害対策協議会が結成され生息調査や対策が進みだした。そして日本では数カ所にしか生育していないキレンゲショウマの絶滅を心配した植物専門家が徳島県に保護を提言し、希少種の保護柵の設置や樹木ガードの取り付けが始まり現在に至っている。それによって、かろうじてキレンゲショウマの小群落が守られた。

稜線部から針葉樹林帯の被害

剣山を中心としたジロウギューから一の森までの稜線部は広くミヤマクマザサに覆われている。林縁部を除きササの枯死するところは見られないが、多くの獣道が形成され、ササの背丈が低くなり衰退しつつある。

図2−2−5　枯れた剣山山頂近くのコメツツジ（2010年）

剣山頂上周辺では、ササ原に点在するコメツツジは二〇〇六年から被害に遭い、一〇年には枯死した。また、シコクシラベの若木やツルギミツバツツジ等も大きな被害を受け枯死が広がっている。稜線部から少し下った剣山北斜面の樹林帯は植生が最も豊かなところで多くの高山植物がある。そして大剣神社から行場・お花畑一帯には徳島県版レッドデータブックで指定されている剣山の植物のうち六〇数種類が生育しており希少種の宝庫となっている。

キレンゲショウマはユキノシタ科、ツルギハナウドはセリ科で人間も食べている野草の仲間である。シカにとってはこれらの希少植物は絶好の食餌対象となったのであろう。ほとんどの植生がまたたく間に食べ尽くされ、残ったのは毒のあるシコクブシ、テンニンソウなどわずかな種に遷移して、単調な植生になっている。キレンゲショウマなど希少種を保護するために設置された保護柵内では設置後三年前後で被害前の植生にほぼ回復してきた。しかし、保護柵のない広範なエリアでは樹木が立ち枯れ・枯死した上に下層植生が疎らになり、さらにシカに縦横に踏み荒されて表土が流され崩落が始まっている。

図2－2－6　下層・林床植生が消失した樹林

ブナ・広葉樹林帯の被害

西島リフト駅から対岸の緑の樹林に覆われた自然豊かに見える尾根をよく見ると、裸地化した土色の山肌が見える。この広葉樹林帯の斜面は本来落葉が堆積して水源保安林となり、山では最も生態系の豊かなところである。しかしここに入ってみるとササや下層植生は食べ尽くされており、落葉はもちろんのこと表土が流出し始めて樹林下の生態系が完全に破壊されているところが随所にある。

自然豊かな山は川や海の生態系を育むといわれている。しかし生物多様性の源である樹林帯の荒廃は、やがて川を土砂で埋めて水棲昆虫や魚たちの生息環境を悪化させ、当然海の生態系にも影響が及び始めるであろう。

ゴヨウマツの巨樹も

一の森周辺はゴヨウマツの巨樹・巨木が多くある。そして高度成長期の公害よる酸性雨によるものと思われる枯死した白骨樹が山頂周辺に多数林立し独特の景観を作っている。一の森南面に広がる鎧戸国有林はシコクシラベの遺伝資源保護林に指定されておりシカ被害を防ぐために樹木ガードが巻かれている。

図2-2-7　ゴヨウマツの巨木も剥皮された

シコクシラベと混生するようにこの一帯には樹齢五〇〇年以上、幹周り二メートル前後のゴヨウマツの大きな群落がある。標高一八〇〇メートルの槍戸山稜線にあるゴヨウマツは幹周り三六〇センチメートル、樹齢は恐らく八〇〇年を超す天然記念物級の巨樹があるが、それもシカに部分剥皮され、周辺には全周剥皮された巨木が多数目につく。また、ヒュッテ前にある枝振りが良く山岳写真家の絶好の被写体となっている幹周り二八〇センチメートルのゴヨウマツを含む群落が全周剥皮され枯死するのではないかと心配している。昨年まではほとんどゴヨウマツの樹皮剥ぎ被害は見られず予想もしていなかったことである。厳しい風雪に耐えて剣山・一の森の歴史を刻んできたこの貴重な樹林を何としても守ってやりたいものだ。

図2-2-8　剣山遊歩道脇の崩落

侵食が進み危険になる登山道

標高一八〇〇メートル前後の樹林帯は隆起の際に堆積した砂礫と風化して礫化した石灰岩やチャートが混ざり、さらに幾本かの断層が走っているために非常にもろい斜面となっている。西島からジロウギューへの登山道と刀掛の松から一の森への登山道一帯は、裸地化した斜面をシカが踏み荒して表土の流出を加速させている。その上に踏み荒しで浮石ができて登山道への落下や、さらに最近頻発している豪雨により斜面や登山道の崩落が目立つようになっている。私は行場から一の森への登山道で十数メートル先をヒューという音とともに落ちていくサッカーボール大の落石に最近出会ったことがあるが、登山者が落石に直撃される危険性が高まっていると痛切に感じている。

シカ被害の行先を見る——とくに稜線部は深刻

二〇一〇年の冬、登山者に三嶺山頂付近で数十頭のシカの集団が度々目撃されている。私も一月中旬に積雪八〇センチメートルくらいの稜線でシカが雪を掘ってコメツツジやササを食べているのを目撃した。

生息環境の厳しい冬季の稜線部にシカが進出しているのは山麓でのシカの過密化が主要な原因であろ

図2-2-9　標高1750 mに登ったシカ

図2-2-10　すべての植生が死滅した斜面（権田山）

う。近年ではその上に徳島・高知両県が行う個体数調整の狩猟で追い上げられたものだ。冬季の険しい稜線一帯へは猟師も猟犬も追ってくるのが困難な安全地帯となっているようだ。さらに温暖化によるものか積雪が少なくなってきており、今年は厳冬期でも春山かと間違うように雪が少なくシカにとっては生息が容易になっているようだ。

剣山でも冬季にシカの集団が多く目撃されており広範な山域で採食圧によるササの衰退がみられた。また一の森ヒュッテ周辺では樹木の被害が顕著でナナカマドの剥皮率が九〇パーセントを超す樹林があった。このような状況が続くと冬季におけるササや樹木被害が深刻化する恐れがある。一方で積雪が少ないにもかかわらずシカとカモシカの死体が多く目撃されている。とくにカモシカの目撃が例年になく多く、一の森の近くでも二頭のカモシカが餓死していた。冬季の稜線部でのシカの過密化は彼ら自身の生息を脅かす事態を招いている。

剣山より一足早く　シカ被害が出た南部の那賀奥山系には「これがシカ被害の行き着く先か」と思われるところが随所にある。四国一のブナがある権田山への稜線部はササが食べ尽くされており、広範囲にわたり草木もササも一本も無いところが何カ所かある。ここではササの枯れた茎が地面を覆いすべての樹木が倒木となっており、足を踏み入れた瞬間まさに死の世界に遭遇した想いであった。

河川・ダムの堆砂を加速させる

剣山スーパー林道を奥槍戸山の家から高瀬峡へ抜けると林道上下の斜面が一変する。斜面は樹林に覆われているが下層植生は何もなく大きな岩石がむき出しになっている。この一帯は徳島の多雨地域となっており山肌の侵食は当然頻繁に起こる。しかしそれとは明らかに違う荒れ方で絶えず大小の岩石が林道や沢に落下しているようだ。

ここは那賀川の源流域であり下流にある三基の多目的ダムなどが予想を超える堆砂により渇水や洪水を毎年のように引き起こしている。また私がヒュッテ管理人になるまでアユやアメゴを釣りに通っていた木頭周辺の那賀川は瀬や渕が土砂で埋められて不漁が続いている。これまでは間伐されないスギ林か

図2-2-11　道路脇の地蔵さんも危ない

図2-2-12　GPS をつけた調査用のシカ

らの表土流出が堆砂の大きな原因とされてきたが、今はその上にシカ被害による崩落が堆砂を加速させる大きな要因となっているのではないか。

交流と共同で抜本的対策を

シカは広大で急峻な山域を縦横無尽に活動し毎年被害規模を拡大し広げていっており、国や県などの対策はその被害の進行に追いついていないのが現状である。対策の一つとして防鹿柵の設置と樹木ガードが行われている。しかしこれは柵を設置したエリアの植生は守ることができるが、新たな所へシカを追いやり被害を拡散する結果になっている。

急激に拡大するシカ被害の抜本的な対策についてシカ駆除の狩猟に携わっている方は、シカの生息の多い鳥獣保護区で、通年わな猟などによる捕獲をしないと駄目だとの声が強い。シカによる深刻な自然破壊がもたらされている日本各地の自治体や自然保護団体・登山団体などは、被害の実態や施策を交流し、共同して抜本的な対策を国に要望することが今重要ではないか。今年になって自然保護団体や行政の対策への動きが活発となり、またマスコミの報道もあり県民の関心も高まってきている。困難な課題であるが、豊かな四国山地・剣山系の山々の自然を守りシカたちと共存できる日が来ることを望む。

（内田忠宏）

参考文献

山城　孝　山城明日香　二〇〇七「剣山における大型草食獣の稀少植物に対する食害状況の把握」阿波学会紀要第五三号三九〜四二頁

（2）剣山山頂周辺における自然植生へのニホンジカの影響とその対策

はじめに

剣山は四国有数の自然林を有する高峰であり、その山頂に近い周辺部は、シコクシラベ、ウラジロモミ、キレンゲショウマといった亜高山性植生が見られる。また、その下部の冷温帯域にはブナ等を主体とする豊かな落葉広葉樹林もあり、多様な動植物が複雑に関係した環境が形成されている。山頂周辺では登山リフト、売店、食堂等の観光施設が整備され気軽に希少植物も含めた豊富な自然を楽しめる徳島県西部圏域における主要な観光スポットでもある。

しかし、二〇〇四年頃より、それまであまり見られなかったシカの目撃情報が増加し、その貴重な自然植生に様々な影響が現れ始めた。剣山山頂のササ原もシカ道が縦横に走り、シカによる被害は急速に広がっている。とくにササ原と樹林境及び樹林内では裸地化した場所の表土流出や斜面崩壊など、生態系と国土保全全面で深刻な影響を及ぼす事態に至ることが懸念されている。徳島県は、二〇〇六年度から二年間限定で「剣山地域ニホンジカ等被害対策協議会」を設置し、調査・対策を実施してきた。しかし、その後も被害の度合はますます深刻になり、二〇一〇年度には新たに「剣山地域ニホンジカ被害対策協議会」を設置し、さらなる調査・対策に取り組むこととなった。

シカの生息密度

剣山のような高標高地山岳地帯ではシカよりカモシカの生息適地であり、以前はカモシカの確認数が

図2-2-13　山頂周辺で縦横無尽に走るシカ道

多かったようである。しかし、調査を開始した二〇〇六年には、目視、痕跡数ともシカのものが多く見られ、当地域でのカモシカとシカの生息数割合は完全に逆転していると思われる。二〇〇七年には標高一八〇〇メートル付近で自動撮影カメラにより、希少植物であるキレンゲショウマを中心に摂食している様子が初めて撮影されたが、〇九年以降には頂上稜線部で約一五頭の群れが撮影されたほか、様々な場所でシカの姿が確認されている。また、観光客の多い見の越駐車場周辺や登山道周辺ではかなり人慣れして逃げないシカも増えてきて、シカの見られる光景は日常と化している。

「実際、シカは何頭くらいいるのか?」剣山周辺での生息頭数を推定するべく二〇〇六年から毎年、糞粒法による生息密度調査を行っている。調査は、剣山山頂に近い標高約一八〇〇メートルの北東斜面で「一ノ森~刀掛けの松」約一・五キロメートルの登山道を中心に実施した。調査場所（プロットライン）は、登山道上下各二五メートル計五〇メートルのものを原則として約五〇メートル間隔で二三カ所を設定している（図2-2-15）。

現地調査は、二〇〇六年から毎年秋に実施しており、その結果、一平方キロメートル当たりのシカ生息密度は、〇六年の二一頭から〇九年の三八頭に増えていることが分かった（図2-2-16）。特定鳥獣保護管理計画にともなう調査として一九九七年度に当該地域で実施した痕跡調査（糞粒調査とは異なる）ではその痕跡がほとんど確認できなかったことからも、ここ数年で生息密度が急激に上昇していることが伺える。

図 2-2-14　頂上稜線での個体群

図 2-2-15　調査（生息密度、剥皮被害）プロット位置図

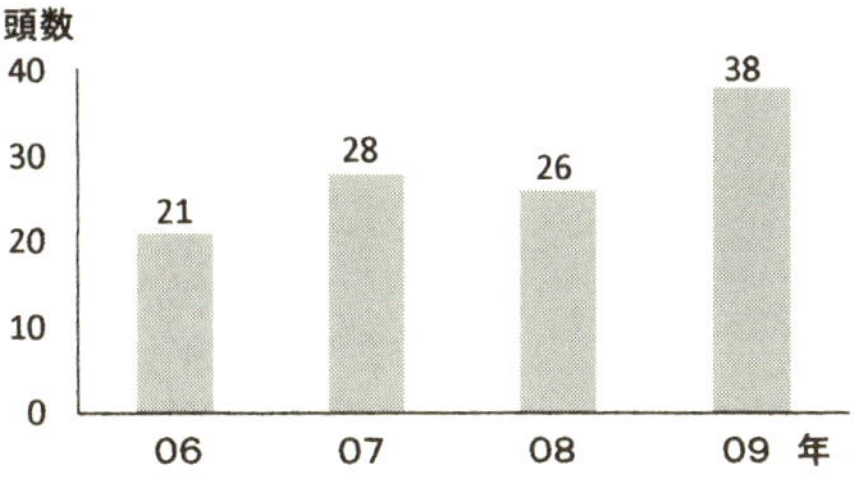

図 2-2-16　シカ生息密度の推移

深刻な樹木剥皮被害

剥皮被害はシカ特有のもので、カモシカは剥皮被害を起こさないことから、シカ生息密度の増加に直結した現象であると思われる。この現象は二〇〇三年頃から急激に目立つようになり、剥皮被害による枯死木も見られるようになっている（図2-2-17、18）。

樹木の剥皮害実態調査は、標高一八〇〇～一九〇〇メートルの「刀掛けの松～一ノ森」への生息密度調査と同じ区域、同じ調査プロットで行った。調査対象木は胸高直径三センチメートル以上の樹木全部とし、樹種、胸高直径、剥皮被害の有無、程度について調査した。二〇〇六年度では、調査プロット全体での被害率は約三二パーセントであり、そのうち全周の五〇パーセントを超える皮剥状態のものが一九パーセントで、枯死の可能性が高い全周剥皮は八パーセントに達するなど被害の深刻度は高い結果となった。また、二〇〇七年度に追跡調査を実施した結果、約一〇パーセントの被害率増加が見られた（図2-2-19）。

剥皮被害を受ける樹種には明らかな嗜好性が見られ、二〇〇六年度調査時においてはイシヅチミズキに非常に高い被害率（約八〇パーセント）が見られ、全周剥皮されたものも多く、調査区域におけるイシヅチミズキの多くが枯死してしまった。この他にもコノリウツギ、ナナカマド、ナツツバキ（一部ヒコサンヒメシャラを含む）等に高い被害率が見られたが、この調査区域では早期に防護ネットなど被害対策を実施したことと嗜好性の高い樹木が一通り被害を受け枯死したことにより樹木被害は小康状態を保っている。しかし、この区域以外ではマユミ、ゴヨウマツ等に激しい被害が発生している箇所が報告されている。また、この調査は当初樹木剥皮被害のみに注目して実施したため、下層植生への調査には至っていない。しかし、従来豊富であった箇所のササが過度な摂食の影響で貧弱になり、シカにとっては不嗜好性植物であるシコクブシ、カニコウモリ、テンニンソウが急激に増加しているなど下層植生の変化も進行している。

図2-2-17　樹木剥皮被害（マユミ）

図2-2-18　ウラジロモミの被害

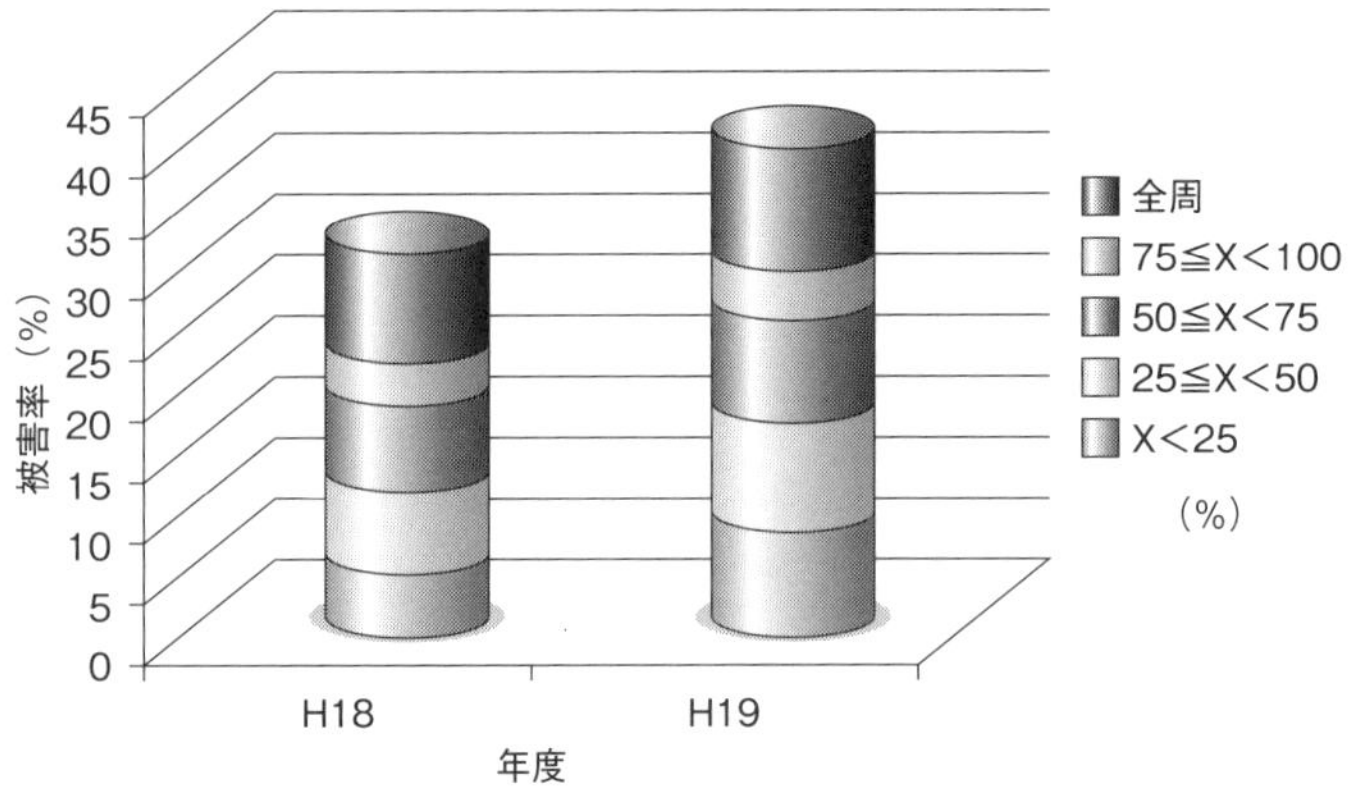

図2－2－19　剥皮被害調査結果（H18、H19）

シカ被害対策――希少種保護のための防護柵の設置

二〇〇六年の調査により高密度のシカの生息が確認され、希少植物や樹木に多大な影響を与えていることが分かった。しかし、短期間でシカの生息密度を下げることはできないため、緊急避難的な希少植物の保護回復対策として、二〇〇七年度（単年度）に防護柵整備事業を実施した。希少植物はシカの摂食圧により、ほとんど絶滅に近いものもあったが、防護柵で囲うことにより回復する可能性がある場所について、八カ所二三セットの防護柵を設置した。

二〇〇六年度に先行実験として防護柵を設置したキレンゲショウマ群生地では、設置一年後には効果が歴然と現れ、防護柵の効果は実証された（図2－2－21）。

また、設置後はモニタリング調査を毎年実施し、柵内では順調な回復が見られるものが多く、防護柵による効果と同時にシカによる植生への影響の大きさを証明することとなった。また、当該地域は積雪があり、そのままにしておくと柵への負担も大きく、破損してしまうことが予想されるため、一二月から四月までの期間は防護柵のネットを地際へ下ろすなどの管理作業を市町、県職員を中心に行っている。まずは、「被害管理から」ということで始めたネットによる防護対策は一定の効果をあげつつあるようである。

必要な個体数調整

防護柵によりかなりの摂食圧防護および植生回復効果が見られたものの、緊急措置の感は否めず、シ

図2-2-20　防護柵設置前のキレンゲショウマ

図2-2-21　防護柵設置1年後

図2−2−22　捕獲柵による馴化作業

カの生息密度を適正な密度まで低下させる個体数調整が必要になる。当地域は高標高自然林の国指定鳥獣保護区であり、狩猟等の捕獲圧が加わった経緯は過去一度もない。さらに登山者も多く、安全性の面からも従来とは異なる個体数調整計画が必要である。二〇〇九年度は西島駅（リフト乗り場）とお花畑に捕獲柵（EN-TRAP）を二器設置し、捕獲を試みた（図2−2−22）。

捕獲場所は二〇〇八年度から自動撮影カメラを設置して誘引餌に対する反応を調査していた候補地四カ所のうち、捕獲柵が設置しやすく反応が安定していた場所を二カ所選定した。捕獲柵は二基とも五月一五日に設置し、それから柵内に入るようになるまでおおよそ二週間の日を要している。設置当初の五月から九月までは試験捕獲実施期間とし、五頭（オス一頭／メス四頭）を捕獲し、九月から一二月までの管理捕獲実施期間では八頭（オス五頭／メス三頭）を捕獲した。捕獲場所は

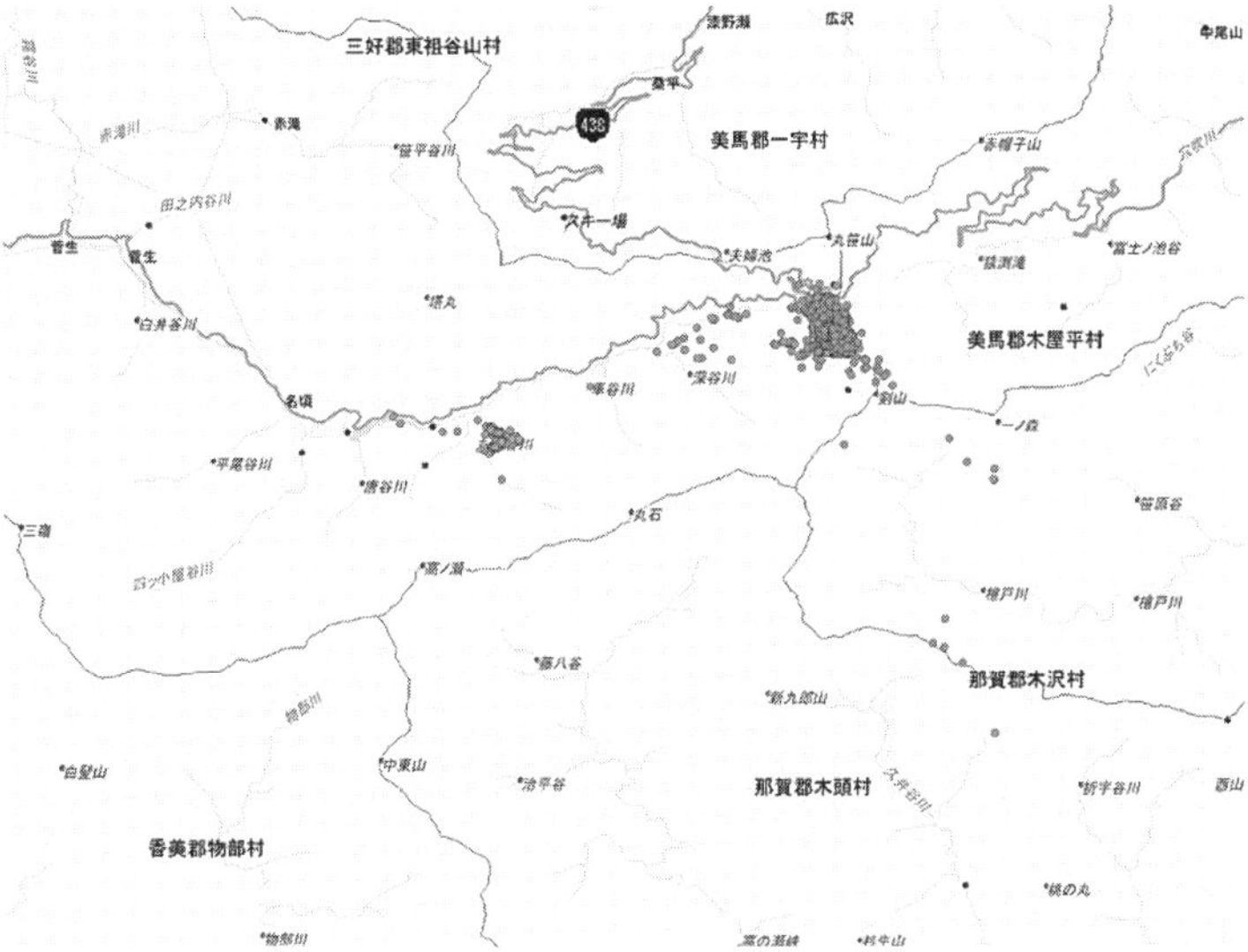

図2-2-23　ハツコの行動域

西島駅周辺で九頭、お花畑で四頭という結果で、同じ山頂付近でも人気の少ない場所（お花畑）での捕獲難度が高い結果であった。さらに一二月からは、環境省直営事業として、見の越より低標高の国指定鳥獣保護区内を中心に銃猟・捕獲柵による捕獲作業を実施し、四〇頭の捕獲実績を得た。今回剣山周辺では、初めての捕獲作業であったが、実施期間が積雪等のため短かった割には予想以上の実績をあげることができた。今後は銃猟できる箇所が限定される等の問題はあるものの、捕獲努力を頂上周辺に限定する等限られた区域の中で集中的に実施し、その効果を検証することが必要である。

シカの行動域調査と協議会

徳島大学との共同研究で、ニホンジカの行動域を調査するために、二〇〇九度にオス一頭（お花畑で捕獲、ツヨシと命名）／メス二頭

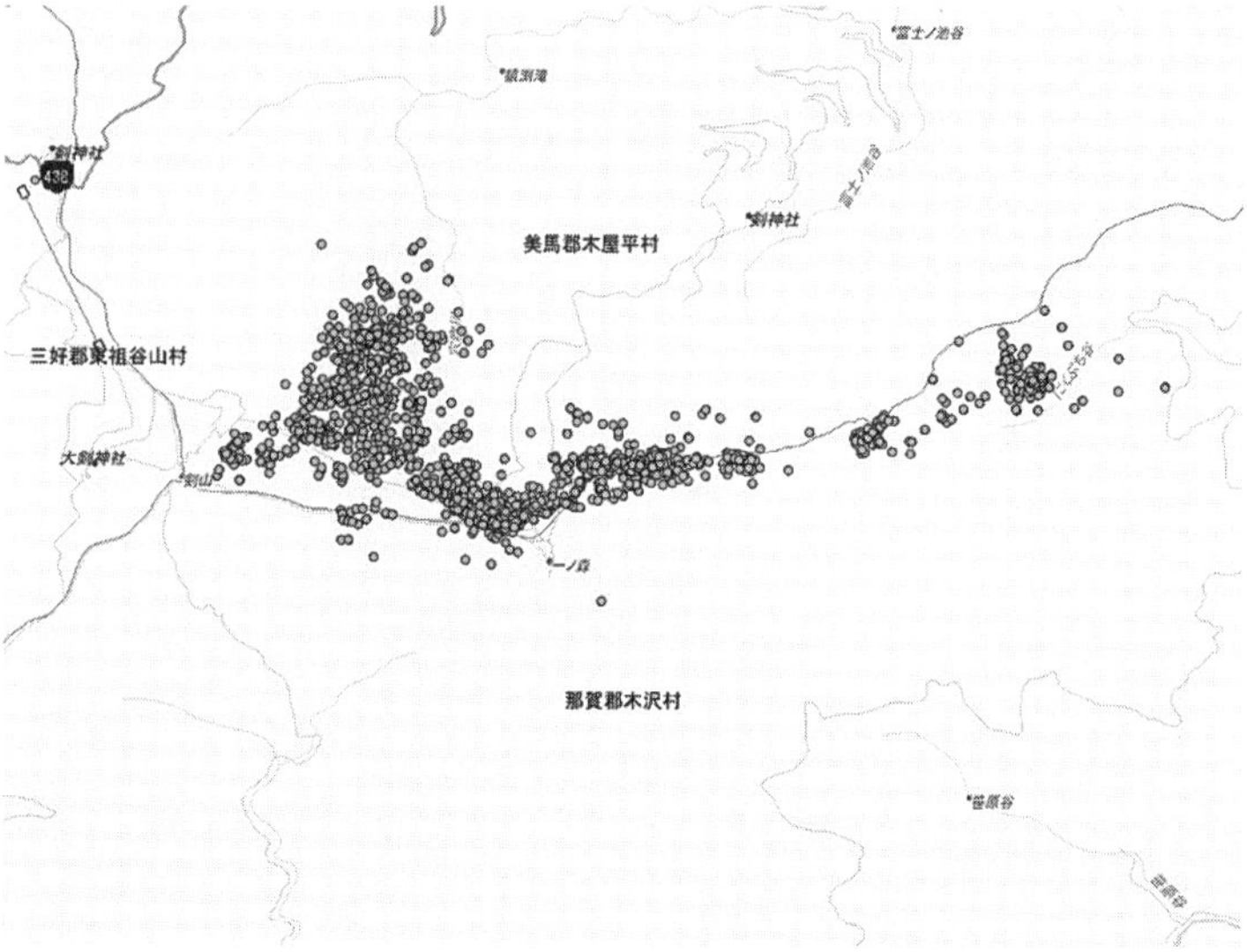

図2-2-24　ツヨシの行動域

（西島で捕獲した個体をハッコ、お花畑で捕獲した個体をハナコと命名）、にGPS首輪を装着し、その行動域の追跡を開始した（図2-2-23、2-2-24、2-2-25）。

　この調査研究は積雪による季節移動と利用植生の季節変化を解析することで効率の良い科学的な個体管理をめざすものであり、二〇一〇年九月には全GPSデータを回収した。西島駅周辺で捕獲した「ハッコ」は一月に捕獲地点から直線で約五キロメートル離れた標高の低い名頃周辺まで移動し、二月以降には西島駅周辺に戻るという行動を見せ、明確な季節移動が確認された。しかし、その後回収したお花畑周辺で捕獲された「ツヨシ」「ハナコ」は最大移動距離が二～三キロメートルでよく利用する場所についての季節変化はあったが、「ハッコ」で見られたような明確な季節移動は見られなかった。詳細な解析はこれからの作業になるが、調

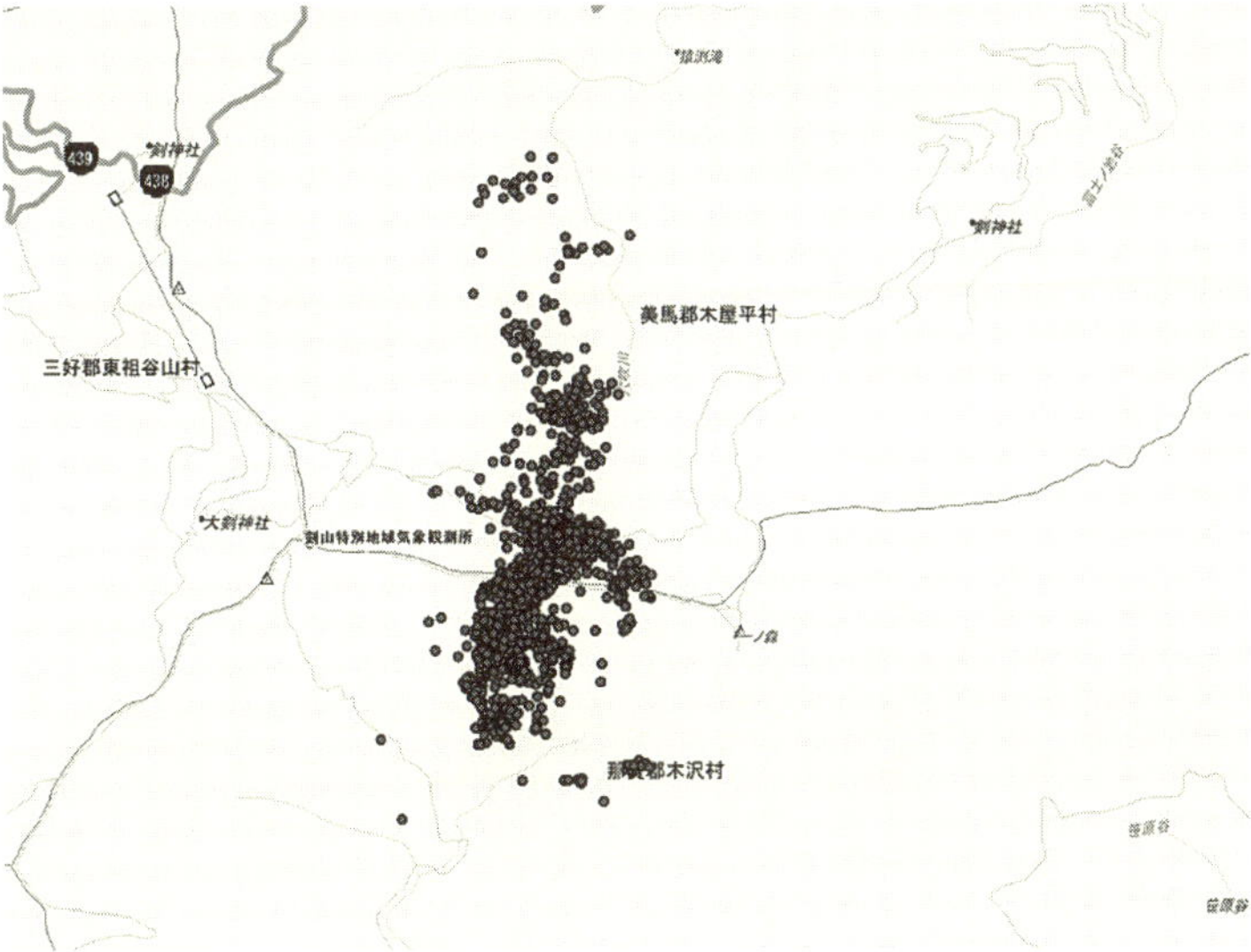

図2-2-25　ハナコの行動域

図2-2-26　GPSによる行動域調査

査開始時の予想や地元狩猟者たちの認識とは異なり、積雪がある冬季においても麓に降りず、高標高域にとどまる個体が多くいる可能性があり、その事実を前提とした個体数調整計画が必要かもしれない。

このようなGPSによる行動域調査をはじめとして、剣山山域では三嶺も含め多くのグループ、研究者、行政機関等が自然生態系の保全をめざして活動している。徳島県でも二〇〇六年度に「剣山地域ニホンジカ等被害対策協議会」で初めて農林業地以外でシカ被害対策事業を開始して以来、徐々にではあるがその活動の幅を増やしてきている。二〇一〇年度にはそれらの活動を有機的に結びつけてより効果的な活動とするべく、新たに「剣山地域ニホンジカ被害対策協議会」がスタートし、調査・防護対策・個体数調整・情報発信をそれぞれ共同しながら進めることを確認したところである。とくに情報集積と情報発信の仕組みを構築すること、個体数調整作業を高知・徳島県共同で実施することはそれぞれ早期のうちに協議・実行していくことが必要である。

（森一生）

地図出典

図2‐2‐1、図2‐2‐3　国土地理院「電子国土地図ポータル」

図2‐2‐4～2‐2‐6　ESRIジャパン株式会社（国土地理院地図から）

3　深刻な三嶺山域の樹木被害実態
――なぜシカは樹皮を食べる？

（1）三嶺の特徴と異変の始まり

三嶺は高知県の最高峰である。徳島県との県境にそびえる標高一八九三メートルの頂上から三方に顕著な尾根をのばしている山容からミウネと呼ばれてきた。高知県側では漢字名の三嶺を音読みしてサンレイと呼ぶ。三嶺を中心に、隣接する西熊山、白髪山などからなる山々は美しい山容を誇り、多くの登山者に親しまれている山系である。

土佐湾に注ぐ物部川の源流の山で、高知県に残された数少ない原生的な森林地帯である。暖温帯上部のモミ、ツガの森林、冷温帯のブナ、ウラジロモミ林、渓谷沿いのサワグルミ、トチノキ、カツラなどの渓畔林、高い標高の稜線部の亜寒帯のダケカンバ林など、地形と標高に応じた多様な森林で覆われている。山域一帯は剣山国定公園、奥物部県立自然公園、自然休養林、植物群落保護林に指定され、レクリエーションのため、学術研究のため保護、管理されている。

この山域に異変が起きたのだ。

ハイイヌガヤから始まった異変

物部川の源流、西熊渓谷の奥深く、渓岸に「ヒビノコナロ」という奇妙な地名のところがある。「ヒビ」とはイヌガヤの方言名であり、ナロは方言で平坦地のことを指す。「ヒビノコナロ」とは、「イヌガヤの子が茂る平坦地」という意味になる。この「イヌガヤの子」と呼ばれるのはハイイヌガヤのことで、積雪に適応して幹の基部が這い、高さが一メートルほどになるイヌガヤの変種である。主に日本海側にある樹林内の林床に生育する樹種で、四国の太平洋側にあるのは珍しい。

その貴重なハイイヌガヤ群落の異変に登山者が気づいたのは一九九七年の夏であった。どうやらニホンジカが食い荒らしているというのである。当時、北海道の洞爺湖中島のシカはハイイヌガヤを嫌って食べないため、その島ではハイイヌガヤが繁茂しているという話を聞いていたので、おかしなことだと思っていた。専門家に質問すると、「それは個々のシカの群れに特有の食文化の違いだろう」と説明された。同じ樹種でも地域によって食べたり食べなかったり、それは各地域のシカの群れが持つ食文化なのか。強く印象に残ったことを憶えている。

その後、シカの食害は樹皮剥ぎの形で山腹のモミやより標高の高いところに生育するウラジロモミにまで及んだ。二〇〇〇年代以降にはリョウブやナナカマドなどの広葉樹を含めた多くの樹種で被害がみられるようになった。とくに二〇〇七年頃からはその被害は様々な場所であらわれ、稜線付近ではウラジロモミの立ち枯れが目につくようになっていった。さらに、今まで被害がみられなかった標高の高いところにあるダケカンバの林にも樹皮剥ぎの被害が認められるようになった。一方、山麓の平坦地である「さおりが原」周辺では、これまで無傷だったアサガラが二〇〇九年に樹皮剥ぎの被害を受けほぼ全

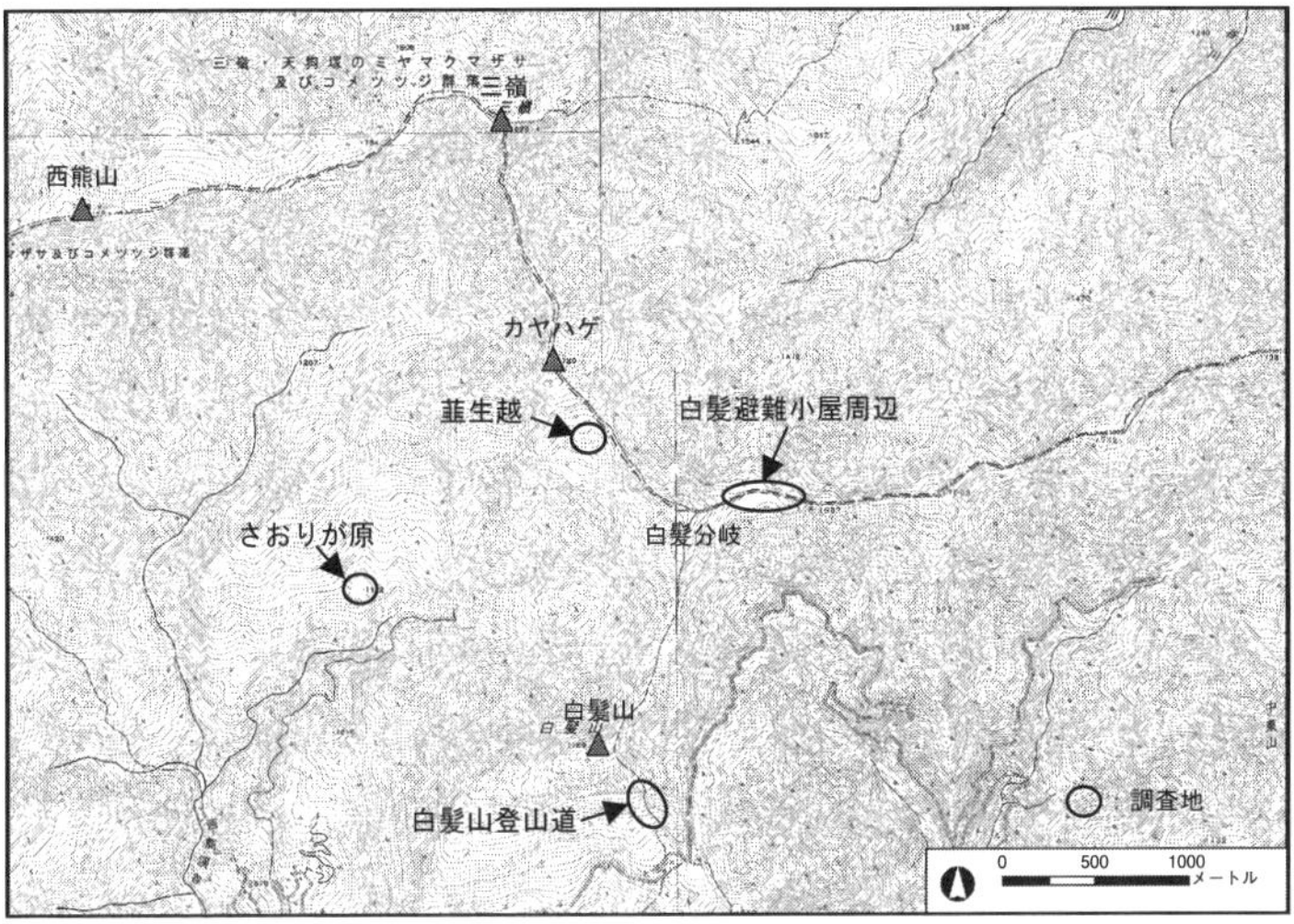

図2-3-1　調査地位置図

滅状態に至った。

このように被害エリアの拡大とともに被害樹種も多様になり、高知県内でも貴重な自然林の存続が危ぶまれるようになったのである。本節では、三嶺山域での被害の実態を調査に基づいて報告するとともに、他地域との比較と文献を参考に「なぜシカは樹皮を食べるのか」、について推察する。

（2）三嶺山系における樹皮剥ぎ調査

三嶺山系において拡大する樹皮剥ぎ被害の実態を把握するため、三嶺の森を守るみんなの会は高知大学農学部の学生たちの協力を得て、二〇〇九年から調査を開始した。調査は、三嶺山系の中でも樹皮剥ぎ被害が顕著に目立つ地区の樹林を対象とした。調査は、図2-3-1に示した剣山から三嶺の主稜線上に位置する①白髪避難小屋の周辺と②韮生越《にろうごえ》、そしてこの主稜線の枝尾根にある③白髪山登山道の中腹、斜面下部に広がる平坦地の④「さおりが原」の

調査地	標高 (m)	調査面積 (ha)	対象となった樹木		主な構成樹種
			種数	樹本数	
さおりが原	1,100	1.37	57	1,173	モミ、タンナサワフタギ、サワグルミ、ミズキ、アサガラ、ミズメ、チドリノキ、ケヤキ、コハウチワカエデなど
白髪山登山道	1,570−1,650	0.05	16	262	ウラジロモミ、コハウチワカエデ、リョウブ、ブナなど
白髪避難小屋周辺	1,640−1,700	0.09	15	369	ウラジロモミ、コバノトネリコ、ダケカンバ、ノリウツギなど
韮生越《にろうごえ》	1,600	0.12	14	203	ウラジロモミ、コハウチワカエデ、ブナ、ミズメなど

表2−3−1　調査地の概要

四地区で実施した。四地区の概要は表2−3−1の通りであり、うち白髪避難小屋周辺と韮生越は、ミヤマクマザサが茂るササ原に隣接しているが、韮生越周辺のササ原はすでに枯死し衰退している。一方、白髪山登山道とさおりが原では林内にスズタケが生育しているが、いずれもそのほとんどが枯死している。

調査は、各地区に調査区を一〜四地点設置し、その中に生育する樹木のうち胸高直径（地面から一・二メートルの高さにおける直径）が三センチメートル以上の個体を対象に、樹種、胸高直径、樹皮剥ぎの部位（幹、根株）とその程度（図2−3−2、3、4）、樹勢を記録した。

樹皮剥ぎ被害の状況

調査の結果、六九種、一九〇三本の樹木から結果が得られた。最も樹皮剥ぎの被害率が高かったのは白髪避難小屋周辺で七六パーセントであった（図2-3-5）。次いで韮生越の六五パーセント、以下白

図2-3-2　根株のみの樹皮剥皮

図2-3-3　根株から樹幹に被害が広がっている

髪山登山道（四五パーセント）、さおりが原（三八パーセント）と続いた（図2-3-6）。

被害の内訳をみると、白髪避難小屋周辺や白髪山登山道では、樹幹に対する被害の割合が大きいことが分かった。一方、韮生越では樹幹よりも根株に対する被害の割合が大きかった。また、白髪避難小屋

図2-3-4　幹の半分以上の樹皮を剥がれたウラジロモミ

図2-3-5　立ち枯れが目立つ白髪避難小屋周辺の若いウラジロモミ群落
手前の葉をつけている木も樹皮剥ぎ被害で枯れる運命（2010年）

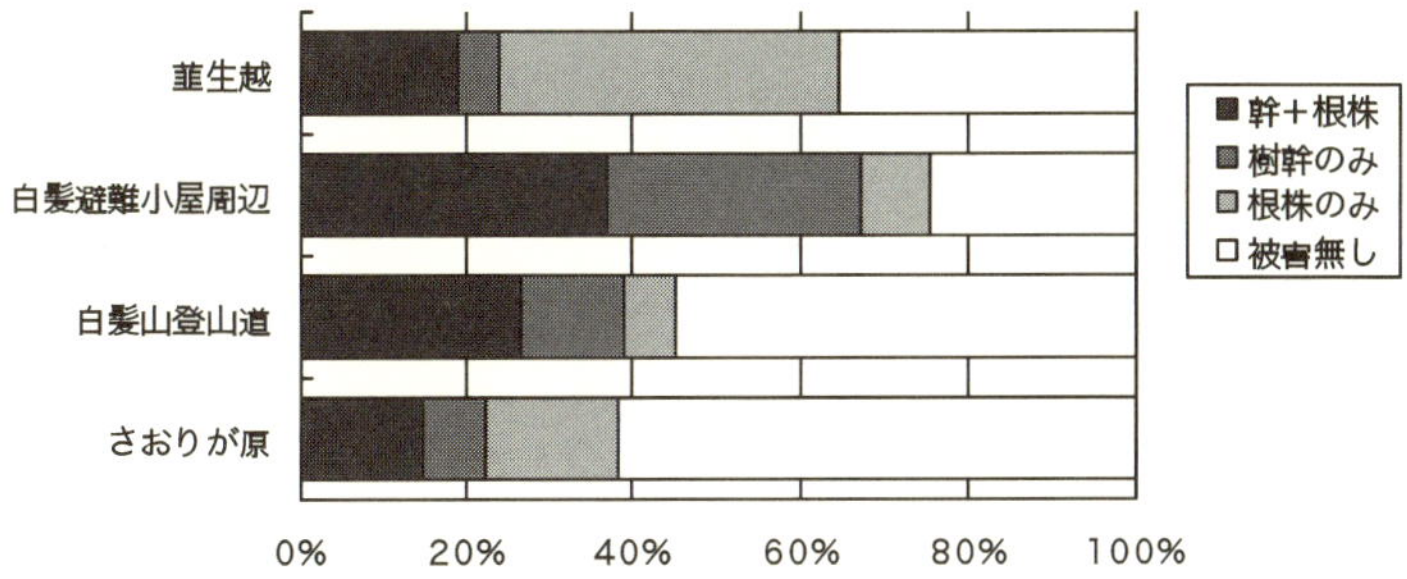

図2-3-6　各調査地区の樹皮剥ぎ被害の割合

周辺では、調査した樹木の約四〇パーセントが枯死していた。とくに、この地区にある樹林の主要な構成種であるウラジロモミは、地区全体の五八パーセントが枯死しており、調査区によっては九〇パーセントが枯死していた。

これらの結果から、被害の傾向が地区により異なることが分かってきた。そこで各地区の特徴を考えてみた。白髪山登山道やさおりが原は、登山者がよく利用し、林道も近い。また、白髪山登山道は広いササ原に隣接しているが急傾斜であり、さおりが原は平坦地であるが開けたササ原は近隣になく、林内にスズタケが生育していた。一方の韮生越や白髪避難小屋周辺は、林道から距離があり、先の二地区に比べて登山者が少ない傾向にある。また、開けたなだらかな地形で広いササ原に隣接しており、特に白髪避難小屋周辺は、三嶺山系で早くからシカによる食害が深刻だった中東山に近い。このように考えると、人の利用頻度や地形、ササ原や被害が深刻な場所からの距離など、立地条件が被害率の差となってあらわれたのではないだろうか。

なお、調査地以外でもいえることは、県境の主稜線部（石立山から中東山、平和丸、白髪分岐、韮生越、三嶺へと連なる稜線）では、ササ原と隣接するウラジロモミを主体とした樹林は例外なく、白髪避難小屋周辺の調査結果のように被害は深刻で、二〇一〇年時点でもなお被害は続いている。一方、さおりが原のようなシカが好む緩傾斜の中腹部では、アサガラなど一部の樹種を除いて、新たな樹皮剥ぎ被害は減少傾向にある。これは、スズタケが消失し、林床植生がなくなった冬季から春先におけるシカの生息数が激減したためと思われる。また、調査は行っていないが、踏査観察したかぎり三嶺山系の樹林帯の多くの部分を占める急傾斜地では、シカがほとんど定着しないこともあって樹皮剥ぎ被害は比較的少ない。それでも、スズタケ等の林床植生はシカ食害で失われている。

樹種別の剥皮被害の傾向――被害のひどい木と受けない木

続いて、樹種ごとに剥皮率を求めた。剥皮率は、調査本数に対する樹皮剥ぎ被害木の本数の割合とした。ここでは調査対象となった本数が一〇本以上あった三二種の剥皮率を図2-3-7に示した。最も剥皮率が高い樹種はアサガラで、次いでミズキ、コバノトネリコ、ノリウツギ、ウラジロモミの順に高く、いずれも八〇パーセント以上であった。一方で、ブナやイヌシデ、イタヤカエデは全く被害を受けていなかった。ケヤキやダケカンバも被害はほとんどなかった（ただし、ダケカンバは石立山や白髪山西稜線側では被害が著しい）。

最も剥皮率が高いアサガラはさおりが原だけに出現した種である。この種に対する樹皮剥ぎは、二〇〇九年の春から顕著になったことが現地での観察から分かっている（図2-3-8）。今回、さおりが原の調査は九月に実施したので、わずかな期間で多くの個体の樹皮が剥皮されたことになる。さおりが原では、シカの採食により下層の低木や林床植生がほとんど消失している。わずかにシカが忌避するバイケイソウが茂り、毒のあるシコクブシ（トリカブト）も食べられているとみえて、設置されている植生保護柵内に比べると柵外では少ない。また、それまで樹皮剥ぎ被害が目立っていたモミなどの樹木が、樹皮剥ぎ防止のネットに覆われたこともあり、二〇〇九年の春には餌資源が乏しい状態になっていた。そのような厳しい状況の中でシカは、アサガラを新しい餌として開拓したのではないかと考えられる。栃木県の日光の調査では、シカが一度その種を餌として認識すると生息密度に関係なく剥皮が行われ続けることが確認されており（神崎ら、一九九八）、さおりが原のアサガラもまさにこの状況に遭ったと思われる。

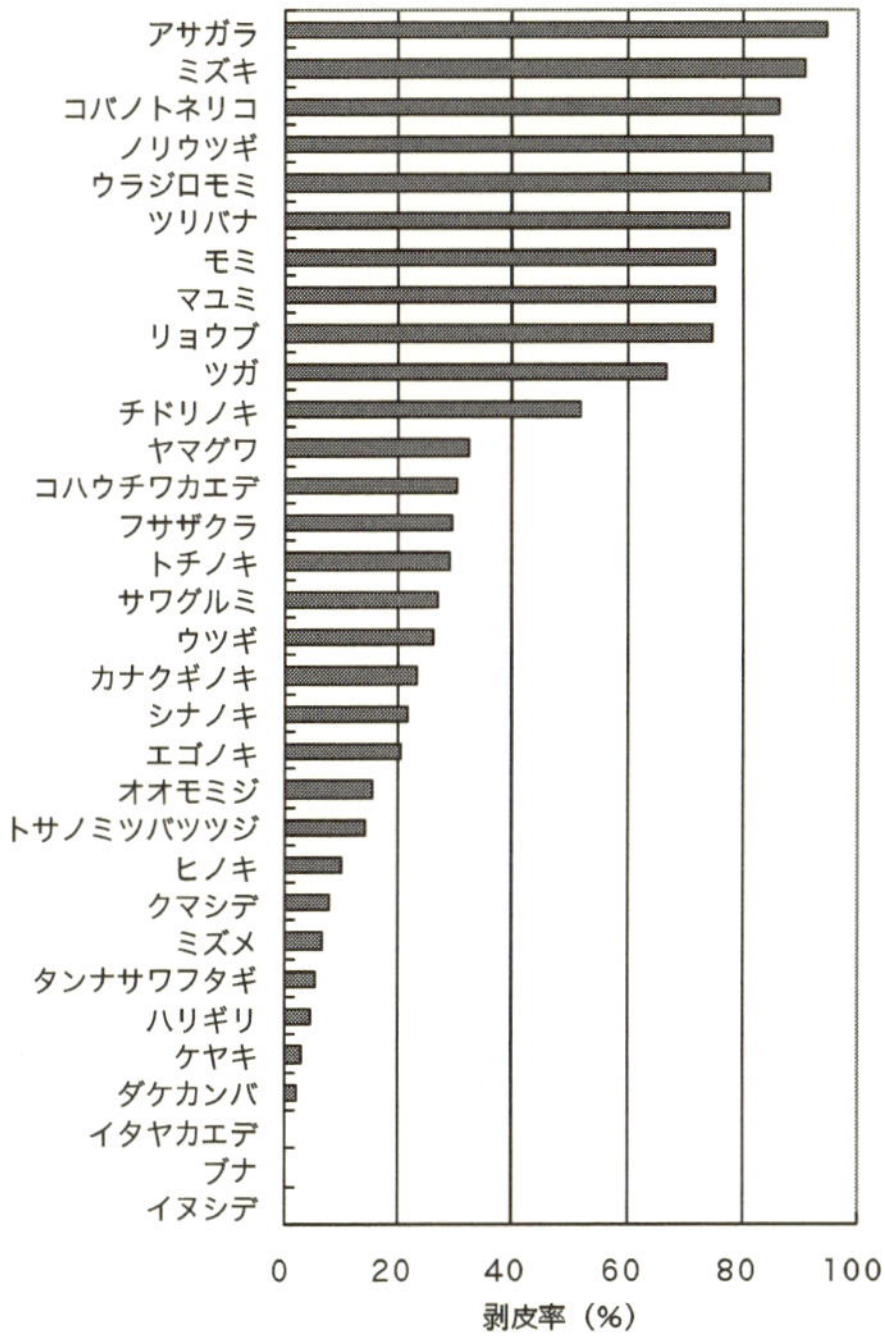

図2-3-7　樹種別の剥皮率

先に挙げた三二種のうち樹皮剥ぎ被害率の高い一〇種の被害状況について図2-3-9に示した。コバノトネリコやノリウツギ、リョウブは、被害木のほとんどが樹幹に被害を受けている。一方でミズキやモミは、樹幹よりも根株に対する被害の割合が高いことが分かった。他の五種は、樹幹と根株の両方か根株のみに被害を受けている個体が多く、樹幹のみに被害を受けている個体は少な

図2－3－8　アサガラの被害
（さおりが原 2009 年 5 月）

かった。このような違いは、どうして発生するのか。シカが樹皮を採食する場合、樹幹の直径や樹皮の形状が影響すると考えられた。そこで、調査結果からそれぞれの種の平均直径を算出すると、樹幹被害の多いコバノトネリコやノリウツギ、リョウブは一〇センチメートル未満であり、樹幹被害の少ないミズキは三四・一センチメートル、同じくモミは二三・八センチメートルであった。この結果から、直径が大きい樹木よりも小さい（一〇センチメートル未満）の樹木の方が樹幹被害を受けやすいのではないかと考えられた。

次に、図2-3-8に挙げた一〇種のうち、調査した本数の多いウラジロモミ、アサガラ、ミズキ、モミの四種について、直径と被害の関係を調べた（図2-3-10）。ウラジロモミとモミは、直径が小さい個体で樹幹に対する被害が多く、直径が大きくなるにつれて被害は根株に限られる傾向がみられた。一方、アサガラは直径に関係なく樹幹と根株の両方に被害を受け、ミズキは直径に関係なく根株のみに対して被害を受ける傾向が強かった。

以上の結果から、直径が小さい個体ほど樹幹に対する被害を受けやすい傾向が確認された。一方、直径が大きい個体では、根株付近の樹幹の凹凸部分や地表に出た根の部分は直径が一〇センチメートル程

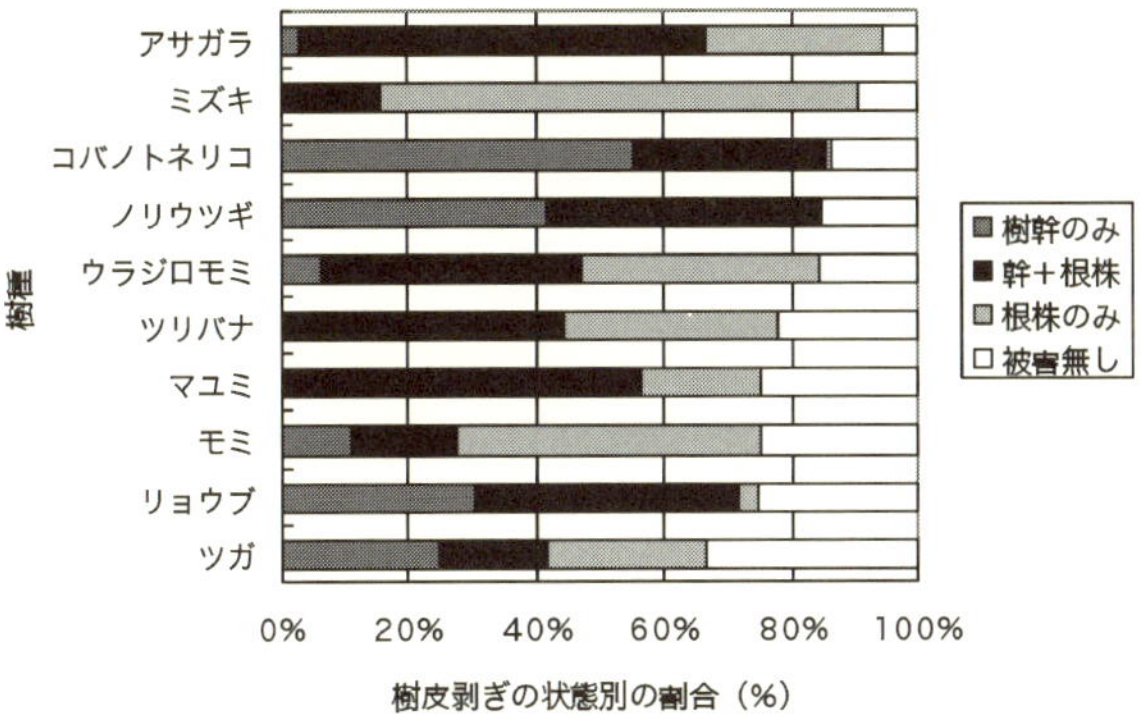

図2−3−9　樹皮剥ぎ被害率上位種の被害状況

度の樹幹の大きさや形状に近くなるため、直径の大きい個体で根株に被害が多くなると考えられる。そのように考えると、シカは食べやすいところから樹皮を剥皮し採食しているのではないだろうか。

以上、これまでの調査により分かってきた、三嶺山系における樹皮剥ぎ被害の実態について簡単に紹介した。三嶺山系では樹皮剥ぎ被害が依然として進行しており、最近ではこれまで被害がないといわれていたミズナラにも被害が出始めたとの情報がもたらされている。防鹿柵の設置やラス巻きによる樹木の保護対策がとられているものの、すべての樹木をそれで保護することは困難である。より効果的な樹皮剥ぎ被害の対策を実施するためには、引き続き調査を継続し、場所や樹種による被害の傾向や他の餌資源との関係を明らかにしていくとともに、他地域における調査結果とも突き合わせながら、三嶺周辺におけるシカによる植生被害の拡大がどのように進行しているか、広い視野で明らかにしていくことが必要だろう。

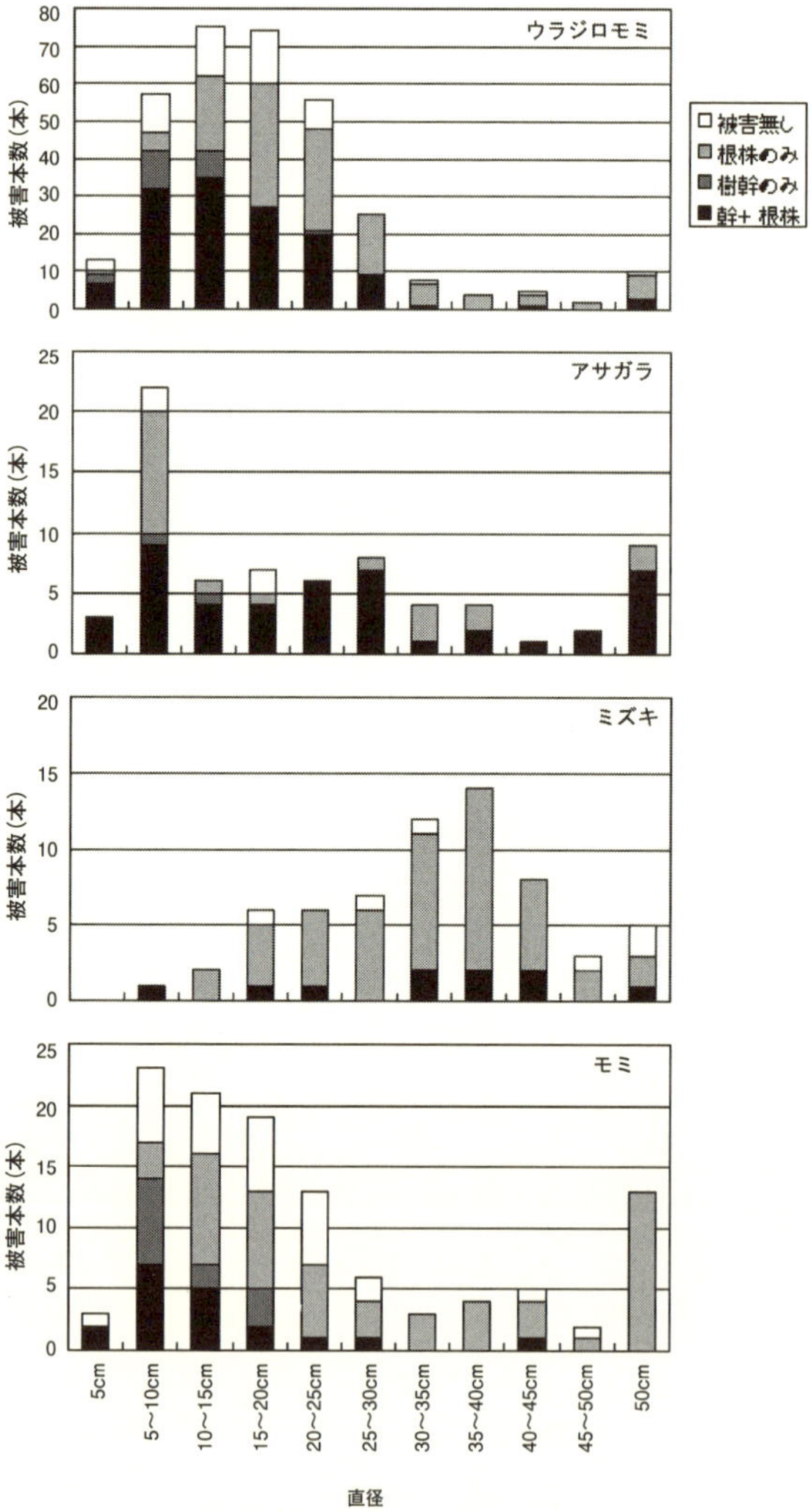

図2-3-10　ウラジロモミ・アサガラ・ミズキ・モミの直径別の被害状況

（3）樹皮剥ぎによる樹木や森林生態系への影響

草食動物であるニホンジカは、森林やその周辺域を主な生活場所とし、そこに生育する草本類やササ類をはじめ様々な植物を食べることが知られている。この採食行動や雄ジカの角研ぎなどの行動は、樹木や森林生態系に影響を与えている。ここで、改めてそれらの行動と森林生態系への影響を次のように整理してみた。

①樹木の枝葉や実生、稚樹および萌芽等の採食…後継樹の消失
②樹皮の採食…樹木の枯死＝母樹・後継樹の消失
③角研ぎや頭部のこすりつけによる樹皮剥ぎ…②への被害拡大

シカは、地表に生育する草本類のほかに樹木の枝葉や実生、稚樹および萌芽なども採食するだけでなく、樹皮も採食し、根株周辺から口が届く高さ一・六メートル程度までの樹皮を前歯で切断し、上方に引っ張って剥皮し採食する。また、剥皮された箇所をよく見ると、形成層付近を歯で削り取ったような痕跡も確認することができる。

樹皮を剥皮された樹木は、剥皮の程度によっては枯死に至るが、すべてが枯死に至るわけではなく、樹種により剥皮に対する耐性が異なるようだ。たとえば、モミやウラジロモミなどの針葉樹は、幹の周囲をおおむね半分以上剥皮された個体は枯死しているものが多い。一方、広葉樹のリョウブやヒメシャラなどは半分以上を剥皮されても樹皮が再生し生存している個体が多く見られる。一般的に針葉樹の場合は、養分や水分の移動経路となっている維管束が樹皮直下の形成層付近にあり、樹皮が剥皮されるとそれが絶たれて養分や水分の移動が滞るため、枯死に至ることが多い（図2－3－11）。一方、広葉樹は、

維管束が樹幹内に分散している種もあるため、樹皮の剥皮により直接的に枯れることは針葉樹に比べて少なく、むしろ剥皮された部分から菌類などが侵入することによって間接的に枯死に至る場合が多い（横田、二〇〇六）。

角研ぎ（図2-3-12）や頭部のこすりつけによる樹皮剥ぎについては、その行為のみで終了する場合と、そこから口による樹皮剥ぎ（採食）に発展する場合があることが観察により確認されている（松村

図2-3-11　前歯により形成層付近を削り取った痕

図2-3-12　角研ぎ

図2-3-13　立ち枯れしているウラジロモミたち（白髪山）

ら、二〇〇四：前迫、二〇〇六）。

いずれの行動も、シカの生息密度が適正かそれ以下の場合、森林の更新を促すなど森林生態系の一員として重要な役割を担っており、問題とはならない。しかし、シカの生息密度が過剰な状態では、森林内やその周辺域の植物が選択的かつ集中的に採食されることによって、生育する植物種構成の変化や森林の天然更新阻害、生物多様性の低下を短期間で招くなど、森林生態系に大きな影響を与えることが各地で報告されている（高槻、二〇〇六：柴田・日野、二〇〇九など）。

たとえば、紀伊半島の大台ヶ原ではシカによる下層植生の採食や樹皮剥ぎが進行しており、なかでも林冠を構成する高木種の小径木で剥皮や枯死の割合が大きく、森林の次世代を担う後継樹が消失していることが調査により明らかとなっている。また、同じく大台ヶ原にある正木峠周辺では、後継樹が育たないまま林冠を構成していた樹木が次々に枯れてしまい、ミヤコザサの草原となっているところもある（横田、二〇〇六）。

このように、樹皮剥ぎ被害は一つひとつの樹木の生死に大きな影響を与えるだけでなく、それらが構成している樹林全体にも大きな影響を与えて生態系や景観を大きく変化させることになる。被害が進行すると下層植生や樹林そのものの消失を引き起こし、野生動物の生息場所の減少や消失、あるいは表土の流出が発生しそれが山腹崩壊へと発展することも危惧されている。樹皮剥ぎ被害は、生物多様性の低下を引き起こすだけでなく、国土保全の観点からも問題があるといえるだろう。

(4) なぜ、シカは樹皮を食べるのか

シカは、餌資源として様々な植物を利用するが、樹木の樹皮はタンパク質が少なく繊維質が多いために、利用する餌資源の中では決して栄養価が高いとはいえない（小島ら、二〇〇六など）。また、草本類やササ類と比べると食べやすい餌とも考えられない。ではなぜ、シカは樹皮を剥皮して食べるのだろうか。その理由については現時点では明らかにされていないが、これまでに各地で行われてきた調査からいくつかの仮説が考えられているので紹介したい。

シカ類は、餌の不足する冬場を生き延びるために樹皮を採食しているという仮説を支持する調査結果が最も多い。これはニホンジカに限らず他のシカ類にも共通しており、複数の調査で餌が不足する冬場にシカ類の樹皮採食の頻度や量が最大になることが確認されている。以上のことから冬場の餌不足は、樹皮剥ぎの一つの要因と考えていいだろう。

一方、大台ヶ原での調査では、シカの剥皮が夏季（七〜九月）に多いことが確認されており、この他にスウェーデンでも芽吹き以降の四、五月に剥皮が多いという報告がある。これらの報告は、餌がそれほど少なくない時期に剥皮が多く発生していることから剥皮の発生要因が餌不足以外にもあるのではないかと考えられるきっかけになったものである（安藤・柴田、二〇〇六）。安藤らは（Ando *et al.* 2004）、餌不足以外の要因について大台ヶ原における調査から二つの仮説を示している。一つは、ミヤコザサを採食することにより引き起こされるルーメン胃（反芻胃）内の異常発酵を抑制するため、消化しにくい樹皮を採食するという説である。反芻を行う動物は、発酵性が高く繊維質の少ない飼料を採餌した際に、ルーメン胃内の発酵に異常をきたすことが知られている。大台ヶ原に生息するシカの主食であるミヤコザサは夏季に栄養価が最も高くなり、それを主食として大量に食べるシカにそのような現象が起きるため、樹皮剥ぎが行われると考えられている。もう一つは、比較的ミネラルバランスが良く、カルシウム含有量の高い樹皮を採食するという仮説である。この仮説では、ミヤコザサは夏季に栄養価（窒素分）が高くなる一方でミネラルバランスが相対的に悪くなり、それを補うために樹皮を採取するのではないかと考えられている。両者に共通しているのは、大台ヶ原のシカが主食としているミヤコザサの季節性と関係があるということである。

樹皮に含まれるミネラルと嗜好性に関する調査はエゾシカで行われており、その結果によれば、樹皮剥ぎ被害が多い樹種ではカルシウムやカリウムを含む灰分の含有割合が高く、逆に被害の少ない樹種では反芻動物では消化できないリグニンの含有割合が高い傾向にあった。さらに毒性のあるアルカロイドを含む樹種は、好まれないことが確認されている（小島ら、二〇〇六）。

これらの仮説や調査結果については十分な確証が得られていないが、シカが生きていくために必要な栄養分を樹皮から得ている可能性は十分に考えられる。また、樹皮の採食あるいは樹皮剥ぎの選択性や季節性は、樹皮に含まれる栄養分のほかにシカ類が生息している地域の餌の種類や質、量とも関係があると考えられるだろう。

樹皮剥ぎと香りとの関係

角研ぎや頭部のこすりつけによる樹皮剥ぎは、主に雄ジカによって行われることが知られている。角研ぎは袋角をとるためや縄張りを示すための行動であると考えられており、雄ジカが角を樹幹に摩擦することによって生じる。奈良県の春日山における調査では、角研ぎが針葉樹、常緑広葉樹、落葉広葉樹など多岐の樹種にわたっていることが確認され、樹皮剥ぎがされていない樹木でも角研ぎが確認されている（前迫、二〇〇〇）。また、角研ぎが行われた樹木の約六八パーセントが精油成分（特有の匂い成分を含む）を含む樹木であることが分かり、角研ぎ行動と匂いの成分に何らかの関係があると考えられている（前迫、二〇〇一）。また、繁殖期に雄ジカが額部分を樹皮にこすりつけて樹皮を剥皮することが確認されている。

奈良公園においてクロガネモチとシキミを用いて実際に樹皮剥ぎ行為を観察した調査がある（松村ら、二〇〇四）。この調査では、雄ジカが角研ぎや額をこすりつけることによって樹皮を剥皮することが確認され、とくにこすりつけ行為が繁殖期に確認されたこと、さらに芳香性のより強いシキミで執拗に行われたことから、繁殖行動と何らかの関係があるのではないかと述べている。

以上のことから、採食行為と同じく角研ぎやこすりつけといった行為も、シカが樹皮に含まれる化学成分を意図的に利用している可能性を示しており、シカがむやみに樹皮剥ぎを行っているのではなく、目的を持って行っていると考えると興味深い。

樹皮剥ぎに見られる樹種の選択

ニホンジカは、剥皮する樹種を選択していることが各地で確認されており、その樹種の選択性は地域によって異なっている（関根・佐藤、一九九二：神崎ら、一九九八：前迫、二〇〇六、釜田・安藤・柴田、二〇〇八など）。各地での調査結果から、樹皮剥ぎを受けやすい樹種とそうでない樹種について表2-3-3に整理した。

ウラジロモミやヒノキなどの針葉樹は、各地区で選択的に剥皮されていると考えられ、その他にナナカマドやリョウブなどの広葉樹も共通して剥皮されている。一方、好まれない樹種として、カエデ類が共通しており、ブナも剥皮被害が少ない樹種の一つである。また、ミズナラは日光では選択的に剥皮されているが、大台ヶ原では好まれない樹種に挙がっており、同じ樹種でも地域によって選択性が異なる。

このような、樹種選択性が生じる要因については明らかにされていないが、樹皮中の化学成分や樹皮の物理性（剥がれやすさ）、選択性の高い樹種の出現率の違い、が考えられる。

また、同じ樹種であっても樹林の種構成によって剥皮率に差があることも確認されている（関根・佐藤、一九九二：安藤・柴田、二〇〇六など）。たとえば大台ヶ原では、東大台と西大台の二つの地区

	調査地	樹皮剥ぎを受けやすい樹種	樹皮剥ぎを受けにくい樹種
冷温帯	北海道音別(エゾシカ)(寺澤・明石、2006)	アオダモ、ケヤマハンノキ、ナナカマド、トドマツ、シウリザクラ	イタヤカエデ、ハウチワカエデ、ヤマモミジ、ダケカンバ、ハリギリ
冷温帯	栃木県日光（ニホンジカ）（神崎ら、1998)	ウラジロモミ、ミズナラ、リョウブ、ヒノキ	カラマツ、コメツガ
暖温帯	奈良県春日山(ニホンジカ)(前迫・鳥居、2000)	カナメモチ、シャシャンボ、ソヨゴ、ヤマモモ、シキミ、ヒイラギ、アカガシ、ツガ	イヌガシ、ヒサカキ、クロバイ
暖温帯	奈良県大台ヶ原（ニホンジカ）（釜田・安藤・柴田、2008)	ウラジロモミ、トウヒ、ヒノキ、ヒメシャラ、ナナカマド、リョウブ、コバノトネリコ	ミズメ、ブナ、ミズナラ、マンサク、カマツカ、アオハダ、オオイタヤメイゲツ、コハウチワカエデ、アサノハカエデ、シナノキ、コシアブラ、タンナサワフタギ、ゴヨウツツジ
暖温帯	島根県弥山(ニホンジカ)(横山ら、2002)	アオキ、モチノキ、カクレミノ、イヌビワ、タブノキ、ネズミモチ	スギ、シロダモ
冷温帯	高知県駒背山(ニホンジカ)(佐藤、2004)	モミ、ヒメシャラ、リョウブ、ミズキ、アワブキ、イヌツゲ、コハウチワカエデ	アセビ、カナクギノキ、クマシデ、イヌシデ、ブナ、ミズメ、ミズナラ、タンナサワフタギ、エゴノキ、ネジキ、オンツツジ
冷温帯	高知県さおりが原（ニホンジカ）（山田、2010)	モミ、ツガ、リョウブ、ミズキ、アサガラ、ツリバナ、キハダ、マユミ、チドリノキ	カナクギノキ、イヌシデ、タンナサワフタギ、エゴノキ、ウツギ、フサザクラ、ハリギリ、ケヤキ、イタヤカエデ、サワグルミ、トチノキ
暖温帯(上部)	高知県・愛媛県三本杭(ニホンジカ)(古賀、2005)	モミ、ヒメシャラ、リョウブ、シロモジ、コハウチワカエデ	スダジイ、ヤブニッケイ、カラスザンショウ
暖温帯	長崎県野崎島(ニホンジカ)(土肥ら、2000)	タブ、モッコク、マサキ	スダジイ、ヤブニッケイ、カラスザンショウ

表2-3-2　樹皮剥ぎにおける樹種選択の各地域の傾向

間で樹皮剥ぎの強度が異なっていた。両地区間では、シカの樹種選択性や選好性樹木であるウラジロモミ、ヒノキ、リョウブの分布状況がほぼ同じであったが、東大台地区ではシカの利用頻度が高く、より樹皮剥ぎが激しいことが調査で明らかとなった。これは、シカの主要な餌となっているミヤコザサが東大台に広がっていることが利用頻度に影響し、結果として被害の程度の差につながったと考えられている（関根・佐藤、一九九二：釜田ら、二〇〇八）。三嶺山系における調査でも、場所により被害率や被害を受ける樹木が異なる結果が得られている。

このように樹皮剥ぎの選択性は、単に樹皮に含まれる成分だけでなく、その地域に生育する樹木の量や質、他の餌資源（たとえばササ）の量、シカの生息密度、人の利用頻度などとも関係しており、この違いが地域差を生み出していると考えられる。ただし、シカによる食害が進行し、これまで餌としてきた植物が衰退した場所では、これまでに被害のなかった樹種にも順次被害が見られるようになる。さおりが原でのアサガラは、まさにその例である。餌資源が逼迫すると、シカも樹種を選択している余裕はなくなり、食べられそうなものから口にしていくのだろう。

おわりに

冒頭で樹種の選択性とシカの食文化についてふれた。もしシカの群れ単位で食文化があるとしたら、母と子を中心とする群れが、移動や集散の過程で食べられる植物を他の群れから学習、開拓することがあるのだろう。

三嶺山系ではこれまで大きな群れを見ることは少なかったが、ここ数年は餌資源の乏しくなる冬場に三〇頭を超える群れが目撃されている。また、夏場でも夕方のササ原では一五〜二〇頭程度のシカが群れて餌をとっている。このような大きな群れの形成は、餌資源の学習や開拓の機会となり、多くの群れに情報が行き渡る可能性が高く、被害を受ける植物種を増やす要因となっていると考えられる。

シカの生息密度が低い段階では、仮にシカの食文化があるとしても、それはそれぞれの群れが棲む森林生態系の生物多様性や生産力と折合ったものだろう。しかし、個体数の増加によって餌資源に困窮しこれまで口にしなかった植物まで食べるようになると、その森林生態系のバランスが崩れる。そうなるとシカの食文化が依存する、その森自体も著しく衰退することになる。

日本人の歴史は、これまでシカを翻弄してきており、この二〇〜三〇年においては個体数の増大を招いた。森、シカ、人、この関係が適正になるような着地点を見つける努力を続けなければ、やがて人間社会が翻弄される時が来るかもしれない。

用語解説

※ルーメン胃：消化の難しい植物を餌とする反芻動物が持つ特殊な消化器官で、第一胃または反芻胃とも呼ばれる。反芻動物が一度ルーメン胃に取り込んだ食物を、食道を逆流させて再び咀嚼することを反芻と呼び、この行動が採食した食塊を微細化して、ルーメン胃での微生物による発酵分解を促進し、植物の繊維質を効率よく消化吸収することを可能としている（安藤、二〇〇九）。

引用文献

Ando, M., Yokota, H. & Shibata, H. 2004 Why do sika deer, Cervus Nippon, debark trees in summer on Mt. Ohdaigahara, central Japan. Mammal Study, 29 : 78–83.

安藤正規　二〇〇九　シカはなぜ樹皮を食べるのか。（大台ヶ原の自然誌—森の中のシカをめぐる生物間相互作用—。柴田叡弌・日野輝明編著、東海大学出版会）七四–八五

安藤正規・柴田叡弌　二〇〇六　なぜニホンジカは樹木を剥皮するのか？　日本林学会誌八八　一三一–一三六

横田岳人　二〇〇六　林床からササが消える　稚樹が消える（世界遺産をニホンジカが喰う　ニホンジカと森の生態学。湯本貴和・松田裕之編、文一総合出版）一〇五–一二三

釜田淳志・安藤正規・柴田叡弌　二〇〇八　樹種選択性、選好性樹木の分布および土地利用頻度からみた大台ヶ原におけるニホンジカの樹木剥皮の発生　日本森林学会誌九〇　一七四–一八一

関根達郎・佐藤治雄　一九九二　大台ヶ原山におけるニホンジカによる樹木の剥皮　日本生態学会誌四二　二四一–二四八

古賀保匡　二〇〇五　高知県西部地域におけるニホンジカの樹皮嗜好性　二〇〇四年度高知大学農学部森林科学科卒業論文

高槻成紀　二〇〇六　シカの生態誌　東京大学出版会

佐藤春奈　二〇〇四　駒背山におけるニホンジカの樹皮嗜好性　二〇〇三年度高知大学農学部森林科学科卒業論文

寺澤和彦・明石信廣　二〇〇六　天然林への影響（エゾジカの保全と管理。梶光一・宮木雅美・宇野裕之編著、北海道大学出版会）一三一―一四五
柴田叡弌・日野輝明編著　二〇〇九　大台ヶ原の自然誌―森の中のシカをめぐる生物間相互作用―　東海大学出版会
小島康夫・安井洋介・折橋健・寺沢実・鴨田重裕・笠原久臣・高橋康夫　二〇〇六　エゾジカの樹皮嗜好性と小径樹幹の内樹皮成分との関係　日本林学会誌八八　三三七―三四一
松村みちる・和田恵次・前迫ゆり　二〇〇四　行動観察からみたニホンジカの樹皮剥ぎの特徴　野生生物保護九（一）一―七
神崎伸夫・丸山直樹・小金澤正昭・谷口美洋子　一九九八　栃木県日光のニホンジカによる樹木剥皮　野生生物保護三（二）一〇七―一一七
前迫ゆり　二〇〇一　春日山照葉樹林におけるシカの角研ぎと樹種選択　奈良佐保短期大学紀要九　九―一五
前迫ゆり　二〇〇六　春日山原始林とニホンジカ　未来に地域固有の自然生態系を残すことができるか（世界遺産をニホンジカが喰う　ニホンジカと森の生態学。湯本貴和・松田裕之編、文一総合出版）一四七―一六五
前迫ゆり・鳥居春己　二〇〇〇　特別天然記念物春日山原始林におけるニホンジカCervus nipponの樹皮剥ぎ。関西自然保護機構会誌二二（一）三―一一
土肥昭夫・遠藤晃・川原弘・馬場稔　二〇〇〇　一九九九年度小値賀地区野崎ダム影響評価調査報告書

三三　九州大学大学院
横山典子・片桐成夫・金森弘樹　二〇〇二　島根半島・弥山山地におけるニホンジカの行動圏と樹種構成との関係　森林応用研究一一　二七–三八
山田真由美　二〇一〇　三嶺山系さおりが原におけるシカ食害による植生被害と保護柵の効果　二〇〇九年度高知大学農学部森林科学科卒業論文

4　三嶺山域稜線部のササ原の枯死と再生を考える

はじめに

四国山地主要部である剣山系や石鎚山系の稜線部は、気温条件からは当然森林が成立してもよい高度帯であるにもかかわらず、そこには広くササ草原が成立している。石鎚山系の瓶ヶ森には、イブキザサやチマキザサが優占する氷見二千石原と呼ばれるササ草原が成立しているが、これは少なくとも七〇〇年前から草原だったことが分かっており、ササ草原が維持されてきた歴史は長い（佐々木、二〇〇三）。森林限界よりも低い高度帯でササ草原が成立するための原因として、強風や積雪などの影響が指摘されている（石塚、一九七七）。東北や上越地方などの多雪山地ではチシマザサなどのササ類が優占する草原が広がっている。多雪が森林の成立を阻害して、代わりに林床で生育していたササが本来森林になるべき場所を占有した結果である。

四国山地ではそれほど多くの雪は積もらないにもかかわらず、広い範囲にわたってササ原が成立している。多雪地以外の稜線部で数十キロメートルにもわたって連続して広大なササ原が成立している場所は、日本では四国山地以外には見当たらない。雪の少ない四国では、強風がササ草原を成立させている要因であることが考えられるが、その成立に関わる要因については、火入れなどの人為的な影響があったことも指摘されており、強風の影響のみではなさそうである。鎌田（一九九四）は、祖谷渓谷周辺の稜線部などでは、一九六〇年ころまで採草や山菜採りを目的とした火入れが行われており、それらの場所とササ草原の分布が一致していることを指摘している。ササ原の成立要因がどのようなものであるかはさておき、その広大なササ原が、増えすぎたシカの過剰な採食圧によって次々と大面積にわたって枯れ始めたのである。この節ではその実態を報告するとともに、三嶺の森をまもるみんなの会の取り組みを紹介し、今後のとるべき対策について考えてみたい。

（1）稜線部のミヤマクマザサ群落の衰退と植生保護柵

ササ原の衰退と土壌侵食

ササ草原を形成するササの種類は山域によって異なるが、三嶺山域を含む剣山系にはミヤマクマザサ群落が広く成立している。稜線部のササ原の大面積にわたる枯死が最初に顕在化したのは韮生越からカヤハゲに至る一帯であり、二〇〇七年のことであった。

二〇〇四年ごろからシカがかなり入り込んでいたが、〇六年まではまだササは緑色を保っていた。〇七年にはササの葉が一気に茶色に変色し、その後白くなった葉と稈はバラバラに分解して地面に散乱して相観的にほとんど裸地となった場所が広い範囲にわたって出現した（図2-4-2）。

第一章でササ原のタイプを、①完全に枯れたササ原、②夏でも貧弱で生死をさまようササ原、③初夏には完全に復活するササ原、④剣山の山頂のようにシカ道はたくさんあるものの年中緑を維持している

図2−4−1　剣山系の山々と調査値とした韮生越の位置
(Google Earth より引用)

図2−4−2　ササ原が枯死した後の裸地。白く見えるのが折れたササの稈

ササ原、の四つに区分しているが、上述のササ原は①のタイプである。その周辺には②の夏でも貧弱で生死をさまようササ原があり、稜線部では①のタイプのササ原のみならず②のタイプのササ原も急速にその面積を広げている。このような場所では、ミヤマクマザサ以外の種の被度がきわめて低かったため、表土の侵食が

進行し始めていた。凹地状になって表層流が集まりやすい場所ではすでにガリー侵食が始まっており（口絵写真参照）、今後表土の流失が加速度的に進行していくであろう。三嶺の森をまもるみんなの会では、急速に広がるササ原の枯死に対して、生物多様性の喪失を心配するだけでなく、山腹崩壊などの斜面災害につながる可能性が高いと判断し、この稜線部のササ原の保全と再生を緊急度の高い優先すべき事業として位置づけ、最初に大面積枯死が確認された翌年から早速、植生保護柵を設置するなどの活動を開始した。

植生保護柵の設置

シカの個体数が異常に増加してしまった地域では、守るべき森林や草原をシカが侵入できないように柵で保護する対策を施している。このような柵を植生保護柵（以後、保護柵と呼ぶ）あるいは防鹿柵と呼んでおり、限られた範囲の植生を保護する場合にはきわめて有効な方法であることが多くの場所で確認されている（辻岡、一九九九；梶、二〇〇〇）。三嶺地域では、二〇〇七年になってシカによる植生への影響が一気に顕在化し、それは稜線部のササ原だけでなく林床植生でも顕著であった。この地域の林床には絶滅危惧種も至る所に生育しており、多くの種が絶滅の危険にさらされていた。この地域の生物多様性を保全するために、かつてマネキグサ、オヤマボクチ、シコクシロギク、アオホウズキ、エゾスズランなど絶滅危惧植物が生育していた場所に保護柵が設置された。その後の追跡調査によって、マネキグサ、オヤマボクチ、シコクシロギクなどは個体数が順調に回復し、再び開花する個体も見られるようになった。保全に成功した絶滅危惧種はいずれも多年生草本であるが、シカによる高い採食圧にさらされていたものの、矮性化した個体が地面にへばりつくように生育しており、地下茎や根がかろうじて生き残っていたものである。保護柵の設置がもう少し遅ければ、耐えきれずに枯死していたに違いない。保護柵を設置した場所では、かろうじて本来の植生が残されたものの、それ以外の大部分の場所ではシカによる過剰な採食圧を受け続けており、それに耐えきれなくなった植物種が次々とこの山域から姿を消していることは容易に想像できる。生物多様性の価値とそれを保全することの大切さが一般の人々にも理解されるようになり、保護柵の設置作業に参加してくれる人たちは毎回多数にのぼるが、その労力と予算にも限りがあり、迅速で十分な対策からは程遠いのが現状である。すでにこの地域から失われてしまった植物たちを思うとき、茫然と立ちすくまざるをえない心境になってしまうのは私だけではないだろう。

先に述べたように稜線に広がるササ原の枯死は、土壌侵食につながり、いずれ山腹崩壊のような大きな災害につながる恐れさえある。ササ原が枯死した後に設置された保護柵には、生物多様性の保全だけでなく、表層土壌の流失防止の役割を担ってくれることに大きな期待が寄せられている。しかし、枯死したササ原は広範囲にわたっているため、柵によって保護されている場所はほんの一部である。表土の流失を防止するためには裸地化した場所の緑化が欠かせない。はたしてそれは可能であろうか。この困難な問題を解決する良い方法を探りだす必要があるだろう。

保護柵内の植生の回復状況

韮生越からカヤハゲにかけての一帯に、二〇〇八年度に二カ所、〇九年度に一四カ所、一辺が二五メートルの正方形の保護柵を設置した。これらの保護柵のうち、二〇〇八年五月に設置した二基と、その近くに〇九年四月に設置した二基を調査対象として、保護柵の効果を検証するための植生調査を継続して行っている。柵の内外に二メートル四方の永久調査区を合計三〇個設置し、春に一回、夏から秋にかけて一回、それぞれの調査区に出現したすべての種を同定するとともに被度と高さを測定してその時間的な変化を追跡している。二〇〇八年はササ群落が枯死して一年後、〇九年は二年後にあたり、これら設置時期の異なる保護柵内の植生回復状況を比較することによって、この地域の植生の回復力の衰えを知ることができる。すなわち、二〇〇九年の柵内は〇八年の柵内よりも、一年間長くシカの採食圧を受け続けており、その間に受けた植生へのダメージの程度を知ることができるということである。

図2−4−3　2008年に設置した植生保護柵、多数の種が蘇る

保護柵を設置したことによる効果は図2-4-3のように一目瞭然である。柵内と柵外では植被率、植生高ともに大きな違いがあり、保護柵の効果は歴然としている。

図2-4-4は柵の中と外の草本層の高さ、植被率を比較したものである。柵外の一〇の調査区のうち五カ所では、シカの採食圧に強いヤマヌカボが優占し、植被率の回復が著しかったので、これら五つは柵外の他の調査区と別に集計した。春には高さと植被

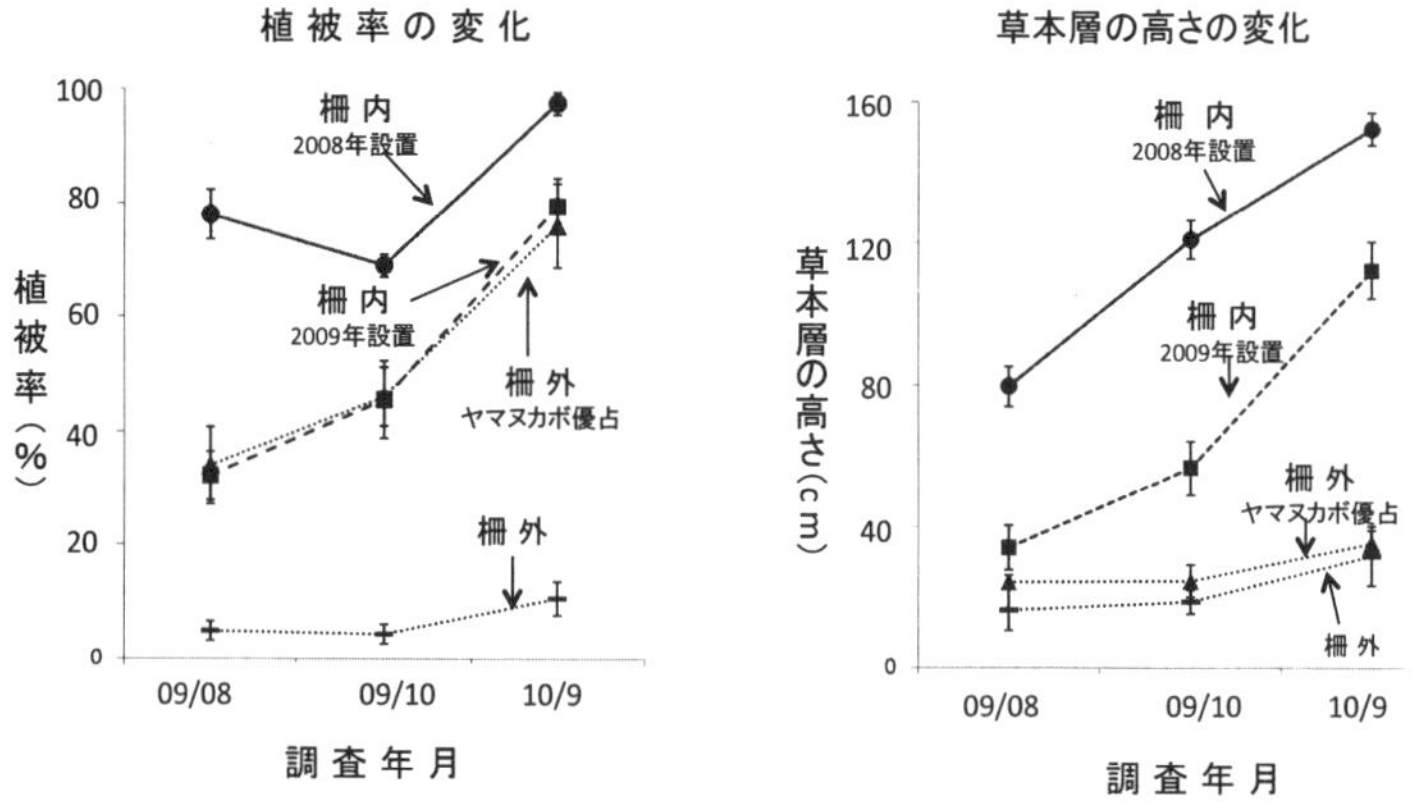

図2-4-4　2008年および2009年に設置した柵内と柵外における草本層の高さ、植被率の変化。図中の縦線は標準誤差を標準誤差を示す（石川ほか、未発表）

率がいったん低下するので、夏と秋のデータのみを使用した。

　草本層の高さは柵外で著しく低く、二〇〇九年設置の柵内も〇八年設置の柵内と比べて低かったが、〇九年設置の柵内の回復が順調でその差は次第に縮小している。植被率についても草本層の高さと同様に、二〇〇九年八月の時点では、〇八年設置の柵内と〇九年設置の柵内で大きな差があったが、その差は徐々に縮小している。また、柵外のヤマヌカボが優占している調査区では、柵内と同様の植被率まで回復していた。一方、ヤマヌカボが侵入していない柵外の調査区では、植被率は低いままで、ほとんど裸地に近い状態が続いている。

　北海道の知床半島における研究では、シカの生息密度が一平方キロメートルあたり四〇頭を超えると、ササ群落の植被率、稈高、稈数が大きく減少し、一〇〇頭を超えると消失してしまう確率がきわめて高いことが示されている（Kaji *et al.* 2004）。

　北海道のササとは種が異なるものの、ミヤマクマザサが特に採食圧に弱いササではないことも考え合わせると、カヤハゲや韮生越においてササ草原が広範囲にわたって枯死してしまったことは、この地域で少なくとも一平方キロメートルあたり一〇〇頭近いシカが生息していたことを示唆している。北海道のエゾシカは四国のシカよりも大型で採食圧も高いので、この地域のシカの密度は八〇頭よりも多かったと考えたほうがいいであろう。

表2-4-1は出現種数を柵内外で比較したものであるが、二〇〇八年設置の柵内で四七種、〇九年設置の柵内で四四種と、柵内では設置年の違いによる出現種数の差は小さかったものの、柵外では三五種と柵内に比べて明らかに少なかった。更に、保護柵内をくまなく歩いて出現した植物種を数えた結果、九三種となった。ほぼ同じ面積の柵外を歩いて確認できた種数は約五〇種であり、保護柵内の約半数にとどまった。

今後もシカによる採食圧が加わり続ければ、柵外における種数はさらに減少するであろうことは想像に難くない。以上のように、保護柵を設置することによって、この地域の多くの植物種を保全することに成功しており、今後も種多様性の高い群落や絶滅危惧種の生育地など、優先度の高い地域を特定して保護柵を設置する必要があるだろう。

二〇〇八年設置の柵内、〇九年設置の柵内および柵外に出現した種を比較・検討した結果、以下のことが明らかになった（表2-4-2）。二〇〇八年設置の柵内にのみ出現し、〇九年設置の柵内および柵外にはほとんど

	柵内				柵外
	2008 年設置		2009 年設置		
	St. 8	St. 10	St. 5	St. 9	
	34	38	26	34	
総出現種数	47		44		35
植物相調査確認種を加算	93				約 50

表2-4-1　柵内と柵外における出現種数の比較

種群	柵番号	柵内2008年設置 1	柵内2008年設置 2	柵内2009年設置 3	柵内2009年設置 4	柵外 1と2周辺	柵外 3と4周辺
A	ミヤマクマザサ	Ⅳ 1-3	Ⅴ +-10				Ⅰ +
	ダケカンバ	Ⅳ +-1	Ⅴ +-7		Ⅰ +	Ⅰ +	
	タラノキ	Ⅳ 6-12	Ⅰ 8		Ⅰ 2		
	テキリスゲ	Ⅱ +-40	Ⅳ 2-15	Ⅱ +			
	クマイチゴ	Ⅰ 1	Ⅱ +-5				
	ショウジョウスゲ	Ⅲ +-8		Ⅰ 1			
	ウド	Ⅰ 1	Ⅰ 3-3				
	サルナシ	Ⅰ 1	Ⅰ +				
B	コミネカエデ	Ⅱ +	Ⅰ +	Ⅱ +			
	ツルアジサイ	Ⅰ +		Ⅰ +	Ⅰ +		
	ミズ	Ⅰ +		Ⅲ +-1	Ⅰ +		
	タンナサワフタギ		Ⅰ +	Ⅰ +			
	クサイ			Ⅲ +			
C	ニシキウツギ	Ⅴ +-30	Ⅴ 2-15	Ⅴ +-2	Ⅳ +-1	Ⅱ +-1	Ⅲ +
	イタドリ	Ⅱ 2 - 5	Ⅳ 5-15	Ⅰ +	Ⅴ 1-15		Ⅴ +
	バライチゴ	Ⅲ +-30	Ⅲ +-30	Ⅴ +-15	Ⅰ +	Ⅲ 1-3	
	ススキ	Ⅴ 1-60	Ⅴ 25-50	Ⅳ +-4	Ⅴ 2-10	Ⅴ +	Ⅴ +-1
	タカネオトギリ	Ⅲ +-2	Ⅴ +-8	Ⅳ 1-3	Ⅴ +-8	Ⅴ +	Ⅴ +
	ヤマスズメノヒエ	Ⅴ +-10	Ⅰ +	Ⅳ +-1	Ⅴ 1-8	Ⅳ +-1	Ⅴ +-1
	ヤマヤナギ	Ⅳ + - 3	Ⅲ +-5	Ⅲ +-1	Ⅴ +-1	Ⅱ +	Ⅱ +
D	ヤマヌカボ	Ⅳ 2-50	Ⅳ 2-20	Ⅴ +-40	Ⅳ 2-50	Ⅴ 1-50	Ⅴ +-60
	メアオスゲ	Ⅱ 1-3	Ⅳ +-15	Ⅲ +-2	Ⅲ +-3	Ⅱ +-5	Ⅳ +-5
E	トゲアザミ		Ⅴ +-5			Ⅰ +	Ⅱ 2-60
	イワヒメワラビ		Ⅱ +	Ⅰ +	Ⅰ 1	Ⅱ +-28	Ⅱ +
	リョウブ	Ⅳ 1-5	Ⅳ +	Ⅳ +-1	Ⅴ +-3	Ⅴ +-1	Ⅲ +-1
	フモトスミレ	Ⅳ 1-1	Ⅰ 1	Ⅱ +	Ⅴ +-10	Ⅳ +-4	Ⅴ +-2
	フジイバラ	Ⅰ 4-4	Ⅱ 1	Ⅲ +-1	Ⅰ +	Ⅲ +	Ⅰ +
	ツルギミツバツツジ	Ⅲ +	Ⅰ +	Ⅳ +	Ⅱ +	Ⅰ +	Ⅲ +
	ヤシャブシ	Ⅱ +	Ⅰ +	Ⅳ +-1	Ⅰ +	Ⅲ +	
	ミヤマワラビ	Ⅰ +	Ⅲ +	Ⅰ +		Ⅱ +-3	Ⅲ +
	以下省略						

2-4-2　2008年および2009年設置の保護柵内と柵外の出現種の比較
ーマ数字は出現頻度を20%ごとに5段階で示したものであり、その後ろの数字は被度（%）の範囲
カ所の調査区のうちの最小値と最大値）を示している。ただし、+は1%未満である。

出現しなかった種は、種群Aのミヤマクマザサ、ダケカンバ、タラノキ、テキリスゲなどであった。とくにミヤマクマザサが二〇〇八年設置の柵内にのみ出現している事実は注目に値する。このことは、ミヤマクマザサにとって、地上部が大規模に枯死した後、一年以内であれば、生き残った地下茎から新しい稈を出して回復できることを意味している。逆に、地上部が枯死してから二年を経過してしまった場合には、地下茎までもが完全に枯死してしまい、回復の可能性が著しく低下してしまうということである。いうまでもなく、地上部が枯死した後、ミヤマクマザサは新しい芽を出して回復しようとしているのであるが、柵外ではその芽をシカに食べ続けられているので、地下茎に蓄えていた養分を使いきってしまい、完全な枯死に至るわけである。今後、ミヤマクマザサ群落がシカの採食圧を受けて枯死した時の対策を立てる上で、きわめて示唆的な結果である。

図2-4-5　シカによって採食されたヤマヌカボ

二〇〇八年と〇九年設置の柵内にともに出現し、柵外で出現率の低い種は、種群Bのコミネカエデ、ツルアジサイ、ミズなどであった。また、柵外での出現率は高くても、柵内では優占度が高い一方で柵外ではきわめて低い種としては、種群Cのニシキウツギ、イタドリ、バライチゴ、ススキ、タカネオトギリ、ヤマスズメノヒエ、ヤマヤナギなどが挙げられる。これらの種は、シカによる採食圧の影響を強く受ける種であると考えられる。

図2-4-6　ササ原が枯死したあとに成立したヤマヌカボ群落

種群Dのヤマヌカボとメアオスゲは全体に広く出現している。これらの種はシカの採食圧に対する抵抗性があるか、回復力がきわめて強い種であろう。特に、ヤマヌカボは柵外でも広く出現し、ミヤマクマザサの枯死した後の裸地で旺盛に生育して柵外での優占種となっている。図2-4-5のようにヤマヌカボにはシカの食痕が多数認められるものの、生長点が低くて分げつしやすい栄養繁殖特性や、種子による繁殖が旺盛なことが、図2-4-6のように広く卓越して生育できている理由であると推察できる。

(2) 柵外での偏向遷移

ヤマヌカボ群落の拡大

保護柵の外では、毒を持っていたり、シカの嗜好に合わなかったりして、採食圧がかかりにくい植物種が増加する傾向がある。そのように本来その地域で見られる植生とは異なる優占種や構成種を持つ群落に移り変わっていくことを偏向遷移という。三嶺山域でも偏向遷移が始まっているが、種群Eのイワヒメワラビがその代表的な例である（図2-4-7）。調査区には出現しないが、イワヒメワラビ以外にもバイケイソウ群落などが大きく面積を広げている。トゲアザミは鋭い棘を持っているため、シカの採食圧を受けにくく、柵外でも優占している場所があるものの、群落の拡大速度は遅い。イワヒメワラビは三嶺山域以外でもシカの採食圧の高い場所でしばしば優占群落を形成することが知られており、裸地となってしまった場所の表土流失の防止に役立っている（石田ら、二〇〇八）。

一方で、シカによって食べられるにもかかわらず、面積を拡大している植物種がある。代表的な種は、前述のヤマヌカボとメアオスゲである。とくに、ヤマヌカボが優占する群落の拡大速度には目を見張るものがある。

登山道沿いではヤマヌカボは以前から旺盛に生育しており、人為的な踏みつけなどの攪乱作用にも耐性がある種であると考えられる。カヤハゲから韮生越、白髪分かれに至る稜線上の登山道沿いでは、ミヤマクマザサ群落が消失してからヤマヌカボの優占する群落の面積が増加している（図2-4-8）。

しかし、樹林内の林床では群落はほとんど回復しておらず、光量の不足がヤマヌカボの侵入を阻害している可能性が高い。登山道沿いで群落拡大が速やかな理由としては、登山道沿いにはすでにヤマヌカボ群落が広く成立していたことが挙げられる。ヤマヌカボは種子による繁殖が旺盛であり、登山道沿いでは、ミヤマクマザサが枯れて明るくなった場所

図2-4-7　シカの不嗜好植物であり、占有面積が急増しているイワヒメワラビ群落（韮生越下部）

に、以前から生育していた個体から多くの種子が供給され、それらが定着・成長することによって速やかな群落拡大につながったと考えられる。

図2－4－8　登山道沿いで急激に拡大するヤマヌカボ群落

ヤマヌカボ群落の拡大が著しいのは比較的緩い傾斜の場所であり、この傾向は調査地全域で認められた。ヤマヌカボの種子は特別な散布器官を持たず、親個体から散布された種子は、主に雨水によって表層土壌と一緒に流されるので、緩傾斜地に溜まりやすいからである。

定着した後のヤマヌカボの成長には強い光が必要であることは、樹冠下に設置した調査区における被度の増加量がきわめて小さかったことからも明らかである。シカの採食によって植生が消失してしまった樹林地の林床の緑化にはヤマヌカボは使用できない。林床の表層土壌の侵食防止には別の手段を考えなくてはならないであろう。

シカによる採食圧を受けている地域ではヤマヌカボが顕著に増加しているという報告は多いものの（たとえば、長谷川、二〇〇〇）、ササ草原が枯れて裸地化した場所に広大な群落を形成している三嶺山域の状況は特筆に値する。ヤマヌカボの根系はきわめて密なマット状に発達し、土壌の捕縛効果も高い。採食圧や踏みつけなどの攪乱にきわめて強い耐性を備え、膨大な種子を生産するヤマヌカボを、緑化植物として効率よく使用する方法を検討することが急務である。

効率的な緑化の一つとして、タイプ②の夏でも貧弱で生死をさまようササ原にヤマヌカボの種子を播いておくことが考えられる。タイプ②ではすでに地表まで光が十分届くほどササの密度が低下しており、そこではヤマヌカボが発芽して成長するだけの光量が確保されている。その後、ササが回復できずに枯死してしまっても、すでに成長しているヤマヌカボが素早く群落を拡大し、表土の流失を防いでくれるであろう。

図2-4-9　裸地に侵入したウマスギゴケのパッチ

表土が流失し始めてしまった場所の緑化には、ヤマヌカボの種子を播くだけでなく、ウマスギゴケなどの蘚類を細かくちぎって一緒に播くことが有効であろう。ササ枯れ後にはヤマヌカボだけでなく、ウマスギゴケなどの蘚苔類が真っ先に侵入して大きなパッチを形成している（図2-4-9）。これらの蘚苔類は栄養繁殖が容易で、裸地にも定着しやすい。ヤマヌカボの実生はコケのマットの上で定着しているものが多く、コケはそれ自身で表土の流失を防ぐだけでなく、ヤマヌカボの定着率を高めてくれるであろう。

生死の境をさまようササ原の回復は可能か

韮生越の南に、剣山から西に延びる稜線と三嶺から南に延びる稜線の接する場所があり、そのジャンクションピークを白髪分かれという。この周辺のササ原がタイプ②に相当するまでに衰退してしまった。韮生越の二の前を避けようと、二〇一〇年に六カ所で保護柵を設置した。その際、作業効率をあげるために柵の位置にあたるササを刈りはらったところ、刈取り部分のササが低い稈をたくさん出して回復し、柵内の他の場所よりもササの被度が高くなった（図2−4−10）。

図2−4−10　稈の刈り取り部分に密集して芽生えたササ

地上の古い稈がなくなったことにより、古い稈を維持する必要がなくなり、地下の節から新たな稈がたくさん出たと思われる。シカによる採食が回避されるのであれば、瀕死のササ群落を回復させる手段として、古い稈を刈り取ることが有効であるかもしれない。

ミヤコザサはシカによる軽度の採食圧を受けると地下茎全体の長さが長くなり、地下部に優先的にエネルギーを投資することや（寺井ら、二〇〇二）、アズマネザサはシカの採食下では稈高はひくくなるものの、稈密度が増大することが知られている（Takatsuki, 1980）。三嶺のミヤマクマザサもシカによる採食圧を受けて、地下部の現存量が一時的に増大したり、稈密度が増加したりしていた可能性もある。それが古い稈を刈り取った時の回復の速さに反映されていたかもしれない。しかし、上記の二種も採食強度が高くなるにつれて地上部、地下部ともに現存量が低下し、最終的には枯れる。瀕死のササ原を回復させるために、古い稈の刈り取りが有効であるとしても、その前提として、シカの密度を低下させることが必須であることは疑いのないところである。今後、シカの管理捕獲が効率よくなされて、シカの密度が低下しないかぎり、剣山系のササ原消失の危機は続くであろう。

引用文献

長谷川順一　二〇〇〇　シカの食害による日光白根山の植生変化　植物地理・分類研究、四八：四七―五七

石田弘明・服部保・小舘誓治・黒田有寿茂・澤田佳宏・松村俊和・藤木大介　二〇〇八　ニホンジカの強度採食下に発達するイワヒメワラビ群落の生態的特性とその緑化への応用　保全生態学研究、一三：一三七―一三〇

石塚和雄　一九七七　群落の分布と環境　三五七　朝倉書店

梶光一・宮木雅美・宇野裕之　二〇〇六　エゾシカの保全と管理　北海道大学出版会

Kaji, K., Okada, H., Yamanaka, M., Matsuda, H. and Yabe, T. 2004. Irruption of a colonizing sika deer population. Journal of Wildlife Management, 68: 889–899.

鎌田磨人　一九九四　徳島県剣山系におけるササ草原の成立と維持過程　徳島県立博物館研究報告、四：九七―一一三

佐々木直子　二〇〇三　瓶ケ森氷見二千石原における過去七〇〇年間の植生景観と人間活動　日本生態

学会誌、五三：二一九―二三二
Takatsuki, S. 1980. The effects of Sika deer (Cervus nippon) on the growth of Pleioplastus chino. Japanese Journal of Ecology, 30 : 1–8.
寺井裕美・柴田昌三　二〇〇二　ミヤコザサの維持と樹木実生の更新にエゾシカの採食が与える影響　森林研究、七四：七七―八六
辻岡幹夫　一九九九　シカの食害から日光の森を守れるか――野生動物との共存を考える　随想舎

5　三本杭周辺のニホンジカによる天然林衰退

はじめに

わが国では、戦後の拡大造林政策により全国的に天然林が大面積で皆伐され、針葉樹（本州以南では主にスギ・ヒノキ）の人工林に変えられてきた。その中でも、四国はとりわけ人工林化が進み、全国の森林の人工林率約四一パーセントに対して四国全体では六一パーセントにも達している（林野庁、二〇一〇）。さらに非人工林のほとんどはもともと人間による利用が継続的に行われてきた薪炭林などの二次林であり、原生状態に近い天然林（自然林）は現在ではごくわずかしか残されていない。まとまった面積で残っているのは剣山・三嶺山系と石鎚山系だけで、あとは小面積で点在するにすぎない。三本杭もその中の一つである。

三本杭周辺にはこの地域特有の天然林が残されていて、四国の西南部では重要な保全対象地域と考えられる。本節では、剣山・三嶺山系より被害状況が先行し、四国における最初の科学的な調査が行われた三本杭の状況について報告する。

（1）ササ原の消滅と天然林の衰退

三本杭

三本杭（一二二六メートル）は、愛媛県宇和島市の南東一〇キロメートル足らずの愛媛・高知県境にあり、愛媛県側は四万十川の支流である目黒川の上流（滑床渓谷）、高知県側は同じく四万十川の支流である黒尊川の上流（黒尊渓谷）になっている（図2-5-1）。風変わりな山名は、江戸時代に周囲の三つの藩の境界を示す杭が山頂近くに立てられたことに由来するとされる（荒井、一九九七）。

周辺の山地の大部分はスギ・ヒノキ造林地であるが、その中で三本杭の西にある鬼ヶ城山（一一五一メートル）から三本杭へ東西に続く稜線を挟んで北側の滑床渓谷の南半分と、南側の黒尊渓谷上流部に天然林が残っている。

これらの森林は林野庁四国森林管理局が管理する国有林（滑床山国有林および黒尊山国有林）であり、天然林部分の面積はおよそ八〇〇ヘクタールほどと推定される。

林相は中間温帯林と呼ばれるもので、カエデ類、シデ類、ミズメ、ハリギリ等の落葉広葉樹を中心に、針葉樹のモミ、ツガ、常緑広葉樹のアカガシ、ウラジロガシ等が混生し、標高が高くなるとブナ林が出現する西南日本の太平洋側山地に特有の林相である（山中、一九七九）。またこの山域のブナ林は四国での分布南限となっている貴重なブナ林でもある（倉本ら、二〇〇五）（図2-5-2）。

一方、山頂部にはササ原があり、宇和海を望むことのできるその景観は登山客に親しまれてきた。そのため足摺宇和海国立公園の特別地域に指定され、また自然休養林等にも指定されている。

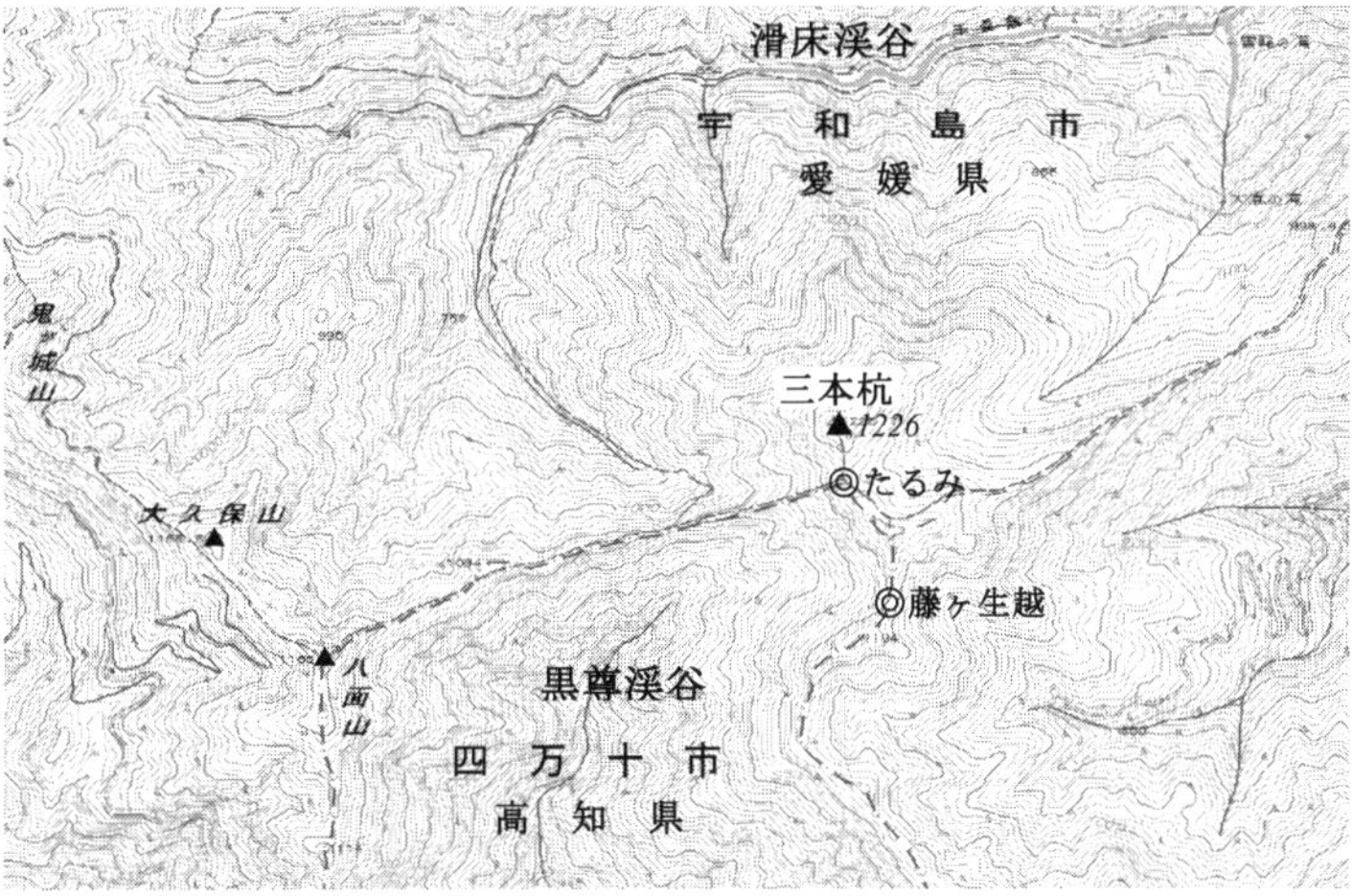

図 2-5-1　三本杭位置図

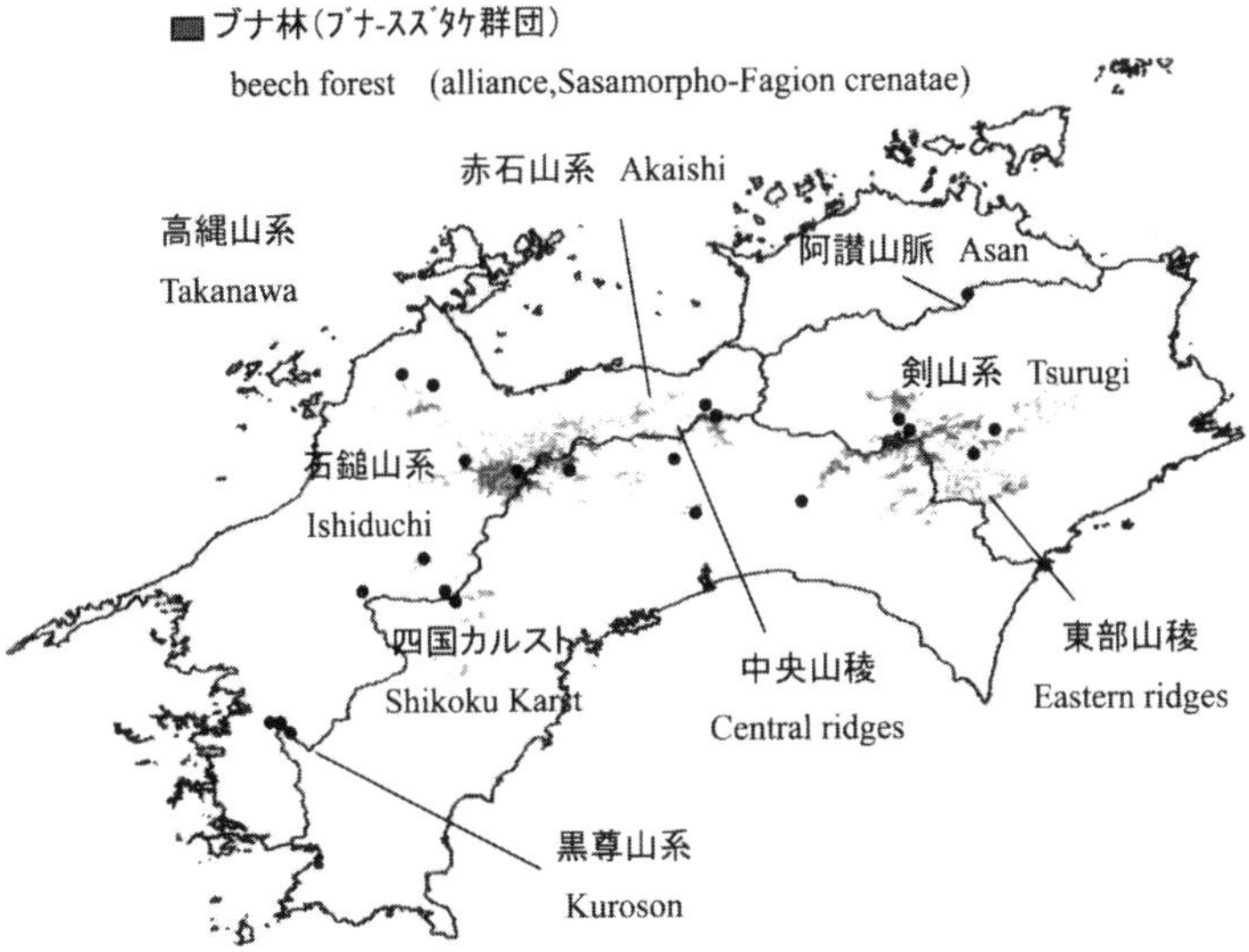

図 2-5-2　四国地域におけるブナ林の分布 （倉本ら　2005）

しかし、近年、山頂部等のササ原が衰退・裸地化して土壌流亡が起こり、また林内でも林床植生の消失、樹木の枯死・減少等、森林の衰退傾向が顕著になってきていた。

ミヤコザサのササ原が消滅？

二〇〇五年六月、その年の四月に四国支所に赴任したばかりの私に、四国森林管理局から「三本杭の山頂でササ原が消滅して裸地になっている。シカのせいだという人もいるが、よく分からないので、現地を見てほしい」という話が持ち込まれた。

図2-5-3は私が初めて訪れたその年の夏の三本杭山頂である。ササ原（主にミヤコザサ）は既に完全に消滅し、表層の土壌が雨で流れ、枯れた地下茎が洗い出されていた。山頂に生き残っている樹木は有毒でシカが食べないアセビである。

地元の登山者や森林管理局の話と過去の写真等によれば、三本杭山頂と山頂南側の鞍部（通称「たるみ」）のササ原は、二〇〇〇年頃から急速に衰退し、〇三〜〇四年頃には完全に裸地化したようであった。「たるみ」では、ササ原が消滅した裸地に、シカが嫌うイワヒメワラビの群落やアセビの幼樹が進出してきていた（図2-5-4）。その周辺では、もう少し以前に樹木やササが衰退して裸地化あるいは低木林になったと思われる部分も広がっていて、地表はシダ植物であるヒカゲノカズラとマンネンスギに覆われ、その上にアセビが育ち、またこれもシカが好まないオンツツジが生き残っていて、シカの強い採食圧によって成立した非常に特異な植生状況であった。

また、三本杭周辺の稜線付近でも、ササ原が消えて完全に裸地化していたり、イワヒメワラビ、ヒカ

図2-5-3　三本杭山頂（2005年夏）
表土が流れ、枯れたミヤコザサの地下茎が洗い出されている。残っている樹木はアセビである

ゲノカズラ、アセビ、キオン、ススキ等、シカが好まない植物だけが繁茂している場所がいくつも確認できた。

四国の標高一〇〇〇メートル前後の山地では、ササ原や林床のササはミヤコザサかスズタケである。通常は林内の林床でも無立木地でも他の低木・稚幼樹や草本を圧倒して繁茂することが多く、ともにシカにとって重要なエサ植物である。これら二種には形態や生態の上で違いがあり、スズタケはシカの過剰な採食にはきわめて弱く、シカの生息密度が高くなると急速に衰退・枯死するが、一方でミヤコザサはシカの採食にはかなり強く、矮性化（地上部が小さくなること）はするが消滅に至ることはあまりない。しかし、三本杭山頂や「たるみ」では、林内よりも日光に恵まれているササ原であるにもかかわらずミヤコザサは消滅

図2-5-4　三本杭山頂と「たるみ」（手前）
「たるみ」の中央には、イワヒメワラビの群落が見え、周辺にはアセビの幼樹が散生している

していたのである。

森林管理局の話を聞いた当初から、シカによるものであることは間違いないと思ってはいたが、現実にミヤコザサですら衰退・消滅している状況を目にし、あらためてシカの影響の深刻さを痛感した。

落葉広葉樹天然林の衰退

当初の森林管理局の話は「山頂のササ原が消滅しているので」と言うところから始まっていた。しかし、予想されたことではあるが、実際に現場を歩いてみて周囲の森林もまた激しいシカの影響によって非常に危うい状況であることが分かった。

ここに残っている天然林は、直径一メートルを超えるようなブナの老木をはじめ、カエデ類、シデ類、ミズメやハリギリ、樹皮の美しいヒメシャラ等の多様な落葉広葉

図2−5−5　稜線付近の森林
ブナ等の落葉広葉樹の大木に、モミ等が混じる。しかし林床は裸地化し、中低層の樹木も非常に少なくなっている

樹に、モミ、ツガ、アカガシ等の大木も混じっていて、人工林ばかりの四国の山によくぞ残っていてくれたと思える森である。

しかし、林床のササや草本はすでにほとんどの場所で消滅し、シカの嫌うごく少数の植物種が繁茂している場所を除けば、林床はほぼ裸地化していた。また細い幹が多数株立ちして林内の低〜中層を構成するシロモジやアブラチャンのような樹種や、高木種、亜高木種の若齢木は、すでにシカの採食による枯死が進み、生き残っているものはきわめて少なく、場所によっては高木層の大木だけが残っているような光景が広がっていた（図2−5−5）。カエデやヒメシャラ、リョウブ等の幹には、その多くに摂食剥皮痕（シカが樹皮を剥いで食べた傷痕）があり、急速に衰退することが危惧される状況であった（図2−5−6）。

図２−５−６　コハウチワカエデの剥皮被害
主要な上層木であるコハウチワカエデは、剥皮害を受けるといずれ枯死する。折尺は１ｍ

そこで、森林総合研究所四国支所では、この年から四国森林管理局の調査委託を受け、三本杭周辺でのシカによる植生被害の実態とシカの生息状況、対策の効果等に関する調査研究を行ってきた。

剥皮被害調査

「はじめに」で述べたように、四国全体で見てもこの山域に残されている落葉広葉樹を中心とした天然林は非常に貴重であり、まずこの天然林における剥皮被害の現状と森林の衰退の進行状況を明らかにしようと考えた。

方法は単純である。三本杭山頂周辺の林内に六カ所の調査プロット（〇・一〇ヘクタール×五ヶ所、〇・一二ヘクタール×一カ所）を設定した。二〇〇六年春にプロット内の胸高直径三センチメートル以上の全ての樹木について、樹種、直径、剥皮被害の程度を記録した。被害は樹幹部と根株に分け、樹幹部の被害については、上下の高さと最大幅から被害痕の面積を楕円近似によって算出し、加害可能な高さ（二メートル以下とする）の樹幹表面積に占める被害痕面積の比率を「剥皮被害指数」とした。この被害指数は大きくなるほど、激しい被害であることを示していて、たとえば被害指数二〇・〇は、上下の長さ五〇センチメートル、最も幅の広いところで幹の全周にわたるような剥皮痕が、樹幹に一つある場合に相当する。

さらに、この調査プロットで二〇〇七~〇九年の毎春、新たな被害と枯死木の発生状況を追跡調査した。

六カ所のプロットは、それぞれ林相と被害状況の異なる場所を選んでいるが、ここでは全六プロット

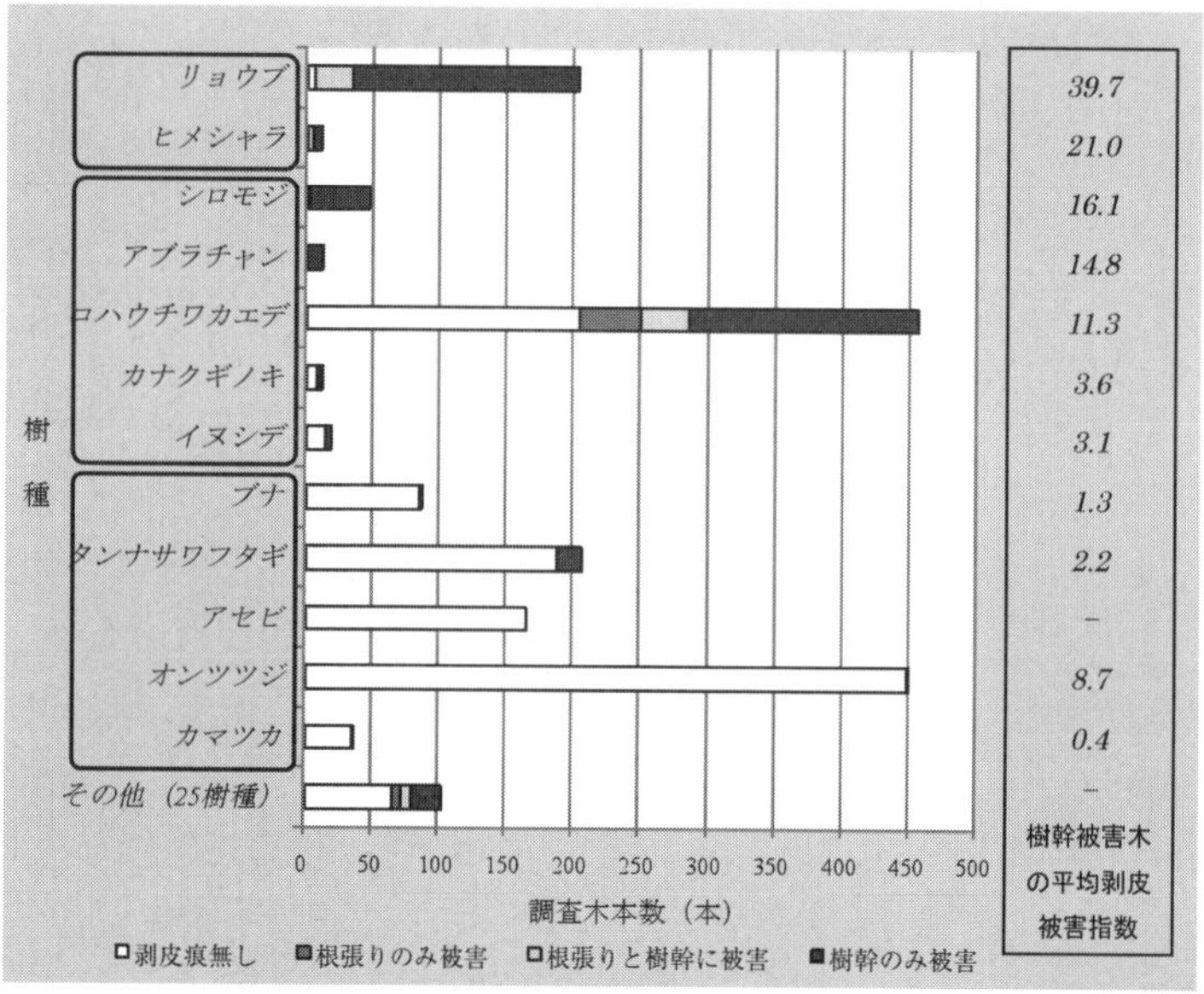

図2−5−7　調査開始時（06年春）の調査木本数と被害状況

の合計について、二〇〇六年春〜〇九年春までの三年間の調査結果をみてみよう。

図2−5−7は調査開始時（二〇〇六年春）の樹種ごとの立木本数と被害状況を、立木本数が多い主要な一二樹種とその他（二五種）について示したものである。図では、これら一二種を剥皮被害の発生状況から大まかに三区分している。すなわち、リョウブ、ヒメシャラの二種は最も嗜好度が高く、かつ樹皮の再生能力が高いため抵抗力があり、繰り返し激しい剥皮を受けていても容易には枯死に至らない樹種、シロモジからイヌシデの五種は程度の差はあるものの被害を受け、比較的容易に枯死していく樹種、またブナからカマツカの五種は嗜好度の低いあるいは忌避されている樹種である。

　嗜好度の高いリョウブ、ヒメシャラ、シロモジ、アブラチャンでは被害本数率は九〇〜

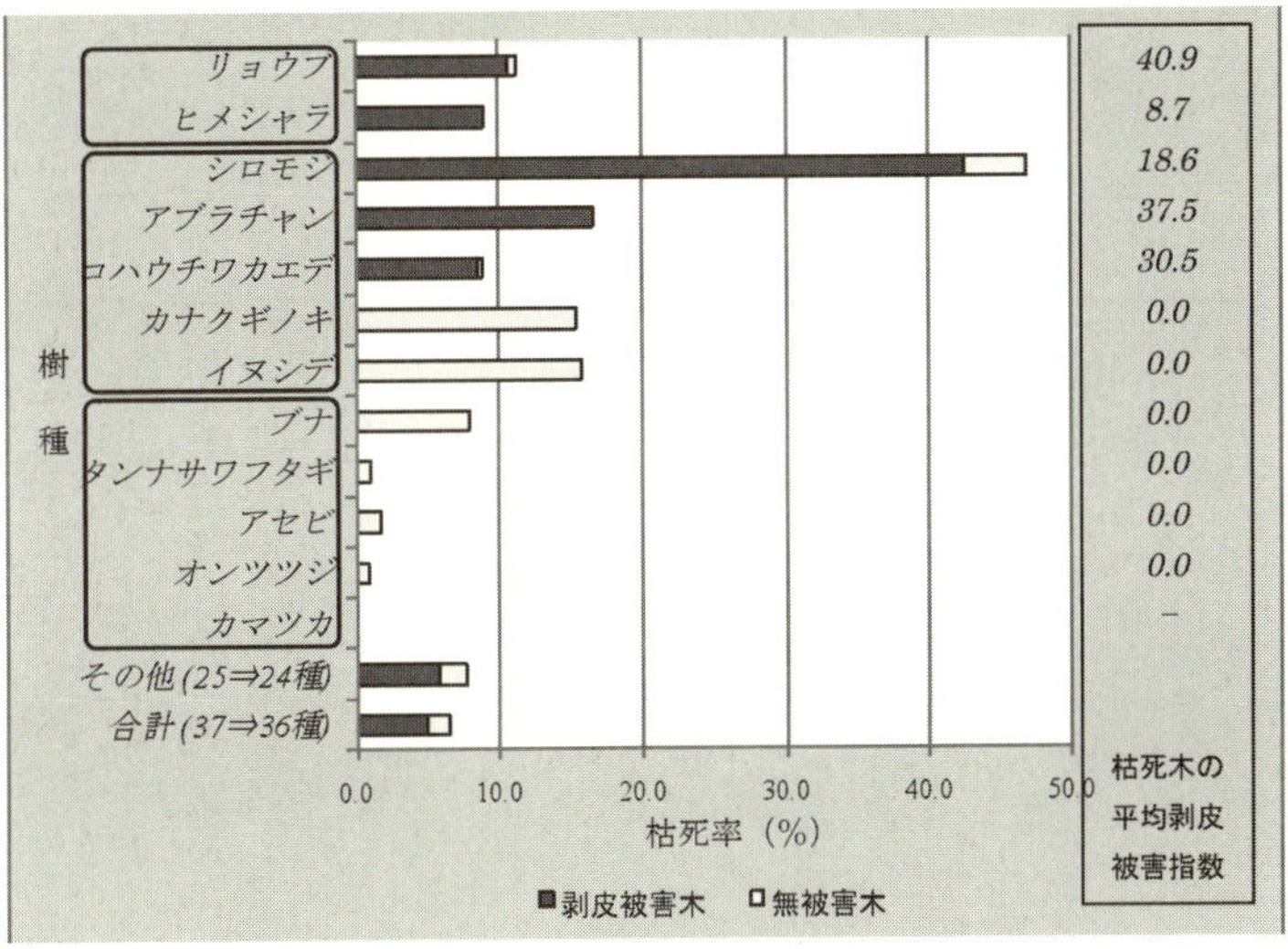

図2-5-8　3年間（2006～2009）の枯死率と被害状況

一〇〇パーセントであり、ほぼすべての立木に摂食剥皮痕があった。また、全立木本数一八〇九本のおよそ四分の一を占め、最も重要な優占種であるコハウチワカエデでもすでに五五パーセントに剥皮痕があった。以上の五種については、被害木の平均被害指数も非常に大きい。これに対し、本数では一〇〇本に満たないものの大部分が大径木であるブナをはじめ、不嗜好樹種とされるアセビ、オンツツジなどには剥皮痕と認められるものはほとんどなかった。

図2-5-8は、樹種別の三年間の枯死率と、枯死木の内で摂食剥皮痕のあった割合を示している。調査開始時の総数一八〇九本のうち、枯死木本数は合計で一一八本（枯死率六・五パーセント）、そのうち摂食剥皮痕があり剥皮被害によると考えられる枯死木は九〇本（全枯死木の七六パーセント）を占めた。剥皮によらない（摂食剥皮痕のない）枯死木は二八本（二四パーセント）に

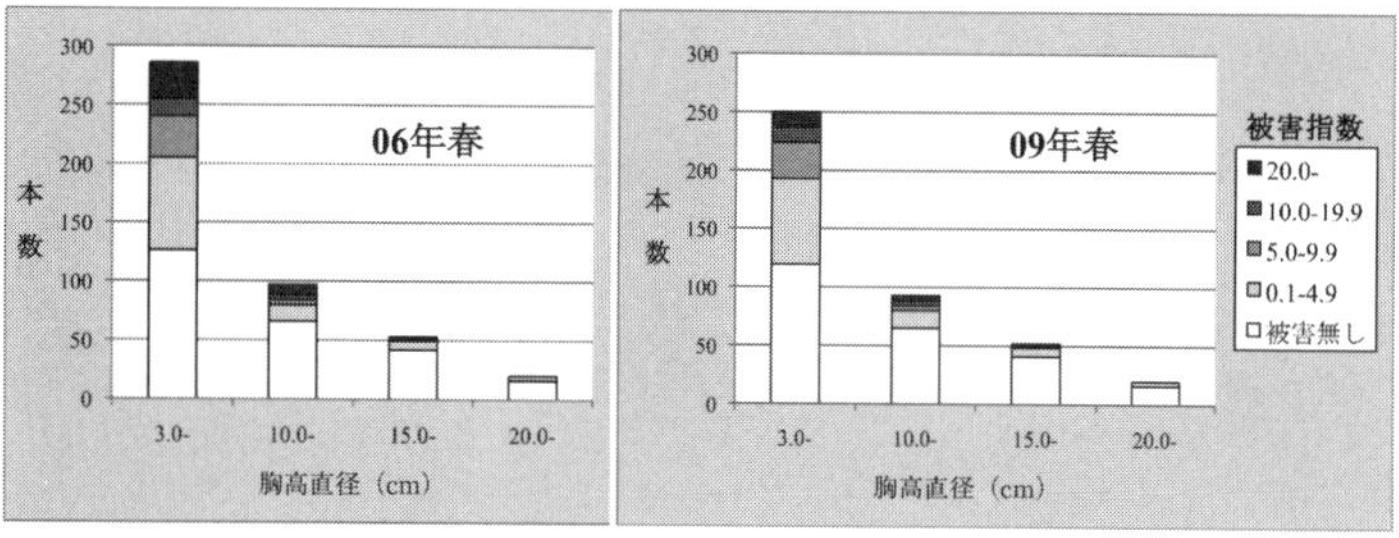

図2-5-9　コハウチワカエデの直径階別、被害指数階別本数分布の変化

すぎず、その三倍以上の立木が摂食剥皮害によって枯死していたのである。リョウブ、ヒメシャラ、シロモジ、アブラチャンとコハウチワカエデの五種はほとんどが剥皮害により枯死していた。コハウチワカエデの枯死本数四一本（枯死率九・〇パーセント）のうち、実に三九本が剥皮被害木であった。これら五種については、枯死木の平均被害指数も非常に大きかった。

また、嗜好性の樹種では毎年新しい被害痕が発生していて、その発生頻度はリョウブ、ヒメシャラでは年平均で約五六％に達していた。これは多くの立木が繰り返して被害を受けていることを示している。コハウチワカエデでも年平均五・二パーセントの立木に新しい被害痕が発生していた。

図2-5-9は、優占種であるコハウチワカエデについて、二〇〇六年春と〇九年春の直径階別、被害指数階別の本数分布を示している。六プロット全体としては、直径の細いものほど本数が多いL字型の本数分布を示しているが、一方で、細いものほど被害割合も高く、直径三〜一〇センチメートルではおよそ六割が被害木であり、三年間にはこれらの激害木を中心に枯死により本数が減少していた。これはコハウチワカエデの優占する林相が若齢木の枯死によって維持・更新できなくなりつつあることを示すものであり、実際に六プロットのうちにはすでに小径木が非常に少なくなっ

てL字型の分布をしていないプロットもある。

以上のように、剥皮被害の継続調査からは、この落葉広葉樹天然林がシカの剥皮害により急速に衰退し、疎林化・裸地化、またはアセビ、オンツツジなど不嗜好樹種の優占する低木林への林相変化が進行しつつある実態が明らかとなった。

（2）裸地化にともなう土壌流亡を抑えるには

シカ排除による植生回復試験

四国森林管理局は、三本杭山頂部と「たるみ」のササ原が消滅した部分について、二〇〇六年一二月に防護ネット柵（〇・四三ヘクタールと〇・三〇ヘクタール）を設置し、翌年三月には柵内の裸地部分にミヤコザサの移植試験を行った。

図2-5-10は、「たるみ」の一部の二〇〇九年五月の状況である。柵外（向側）は冬枯れしたイワヒメワラビの中にアセビが散在しているだけであるが、柵内（手前側）には多様な植物が回復してきている。とくにイワヒメワラビの群落が土壌の流亡を抑えている場所では、その中からリョウブやカエデ類、シデ類、ススキ、イタドリなど、いろいろな植物の実生や、生き残っていたミヤコザサが生育してきている。また、裸地部分に試験移植されたミヤコザサも、三年経過した現在、比較的よく定着し、水平方向へも広がってきている。

このような結果は、シカの嫌うイワヒメワラビ群落の中でも、毎年新しく出てくる他の植物の芽をシ

図2-5-10 「たるみ」の柵内と柵外
柵外は冬枯れしたイワヒメワラビの中にアセビだけが散在しているが、柵内には多様な植物が回復してきている

カがよく食べていることを示していると同時に、ササ原が裸地化しても、できるだけ早期に土壌流亡を抑え、同時にシカの生息密度を下げれば、緑を回復できるということも示している。

一方、森林総研では、森林内でシカを排除した場合に樹木や林床植生がどのように回復するかを調べるために、二〇〇七年一月に、ササの衰退状況の異なる森林内の三カ所を選んで、二五×二五メートルのシカ排除柵を設置し、隣接する森林内の対照区と比較した植生の回復状況を調査してきた。

本来スズタケが繁茂していたと考えられる場所では、柵設置後も柵内の林床植生の回復は非常に遅く、三年以上経過してもチヂミザサのような背の低い草本が地表に広がってきたにとどまっている。一方、二〇センチメートル程度に矮性化したミヤコザサが、まだ林床を覆う程度に残存していた場所では、柵内のミヤコザサは、サイズ、密度とも急速に回復し、現在では大人の胸の高さに達するまでになっている。したがって、ミヤコザサが優占していた場所では、ある程度ミヤコザサが残存している状況でシカの生息密度を下げれば、林床植生（ミヤコザサ）の回復が望めるが、スズタケが消滅した場所では植生の回復には時間がかかるようである。ただ、ミヤコザサの回復が顕著な場所の柵内では、ミヤコザサの密生にともなってササ以外の樹木の実生稚樹や草本の成長が次第に阻害される結果も出ていて、草食獣と植生の生態的な関係という意味では興味深い。

土壌流亡と山腹侵食の危険性

三本杭の山頂部や「たるみ」以外にも、無立木地からササ原が消え裸地化している場所が見られる。図2-5-11は急傾斜かつ広い面積が裸地化している藤ヶ生越の状況である。もともとスズタケが繁茂していて、二〇〇〇年前後に裸地化したと思われ、一部にイワヒメワラビの群落があるものの、表面土壌の流亡が激しい。森林管理局ではこのまま放置できないとして、二〇〇九年に防護ネット柵を設置した。

このように無立木地が裸地化した場所では、目に見えて表土の流亡が心配されるのであるが、もともと無立木地ではない森林内でも、シカの影響によって土壌流亡や山腹侵食の危険性が増大している。

成熟した森林では、老齢等によって時々上層木の枯死が発生し、林冠にギャップ（林冠の途切れた隙間）が生じる。ギャップの下では日光が入って明るくなり、草本や中低木、高木種の稚幼樹等が繁茂し、次世代が成長していくのが、通常の更新のおおまかな過程である。調査地でもブナやモミ、シデ等

図2-5-11　裸地化した藤ヶ生越の現況
スズタケのササ原が裸地化した。急傾斜のため表土の流亡が激しく、侵食も起こっている

の大きな上層木の枯死が発生しているが、すでに林床には植生がほとんどない上に、ギャップ下でもシカの採食のため草本や低木等も生育できなくなっている。

とくに、調査地でブナの多い一〇〇〇メートル以上の北〜西斜面は、気象条件から不嗜好性の常緑低木（アセビ、ハイノキ、シキミ等）やシダ植物（イワヒメワラビ、ヒカゲノカズラ等）も生育できないようである。このように不嗜好植物も進出できないと、ギャップ下では裸地に近い林床が直接風雨にさらされることになる。

一方で、前述の剥皮被害調査では、ブナやシデの大径木は剥皮被害を受けていないものの、枯死率はブナで八パーセント、イヌシデで一六パーセントと予想外に高かった（図2-5-8）。推測ではあるが、シカによる林床植生や中下層木の衰退で、土壌

図2-5-12　三本杭山頂直下のギャップ（2008年11月）
複数の上層木が枯死した。地表には植生はほとんどなく、表土の流亡が始まっている

の栄養や水分条件、温度や湿度などの林内環境が悪化し、老齢大径木をはじめ高木層の枯死そのものが進んでいるのではないだろうか。また、現地は海に近く冬の北西季節風が非常に強いので、ギャップ周辺へ強風による倒伏や枯死が広がる可能性も大きい。このように、森林内でも大径木の枯死をきっかけにして急速に山腹の裸地化と侵食が拡大する危険性がある。

実際にそのような状況が危惧される場所の例として、三本杭山頂の直下の場所を示しておこう（図2-5-12）。ここは複数の上層木の枯死が重なって、ギャップの面積がとくに大きくなっている。

シカの生息状況

現地でのシカの生息状況について、毎年、糞粒法による生息密度推定調査、自動撮影カメラによる調査、GPSテレメトリーによる行動追跡調査を行ってきた。

生息密度推定の結果は、二〇〇五〜〇七年は一平方キロメートル当たり三〇頭前後の高密度で推移したが、〇八年から低下傾向にあり、〇九年は一平方キロメートル当たり一六頭となった。このことは山頂周辺の食物がますます少なくなり、山頂周辺に限ればシカの利用頻度が下がっていることを示していると思われる。

GPSテレメトリーによる行動追跡調査では、二〇〇七年から〇九年までにメスジカ四個体について長期間（六〜一一カ月）の行動追跡記録を得ることができた。その結果からメスと子ジカのグループは、通年で〇・五平方キロメートル程度のきわめて狭い範囲しか動かないことが示された。

シカの痕跡や出現状況、植生の状況など、現地での私の観察からは、天然林域全体での生息密度は相変わらず非常に高いと思われる。

まとめと提言

二〇〇五年からの調査により、三本杭周辺に残る貴重な落葉広葉樹天然林やササ原において、高密度で生息するシカによる植生への著しい影響と、森林の衰退が明らかとなった。ササ原等の裸地化による表土の流亡だけでなく、林内の下層植生の消滅と上層木の枯死によって山腹の裸地化と侵食が急速に進む可能性も危惧される。一方、密度推定調査や行動追跡調査と現地の状況から、天然林域内の生息密度はかなり高いと考えられる。

緊急に防護を要する場所や植生については防護ネット柵のような手段も必要ではあるが、この地域の貴重な天然林を保全するためには、シカの生息密度を低下させ、一定レベル以下に維持することが基本的に不可欠であると考えられる。

対象地域は自然公園指定地であり鳥獣保護区でもあるが、メス・グループの行動範囲は非常に狭く、周辺の可猟区や休猟区での捕獲（狩猟や有害捕獲）では、対象地域内の個体数の抑制は困難である。したがって、対象地域では、このような指定地域にふさわしい科学的調査と計画に基づいた管理捕獲による個体数コントロールを、関係行政機関の責任で早急に実現していくことが必要である。

また、以上は天然林域における状況であるが、南予〜高知県西部の一帯はシカの高密度生息地域であり、人工林や二次林でも植生へのシカの強い影響は明らかで、林床の裸地化や不嗜好植物のみへの単純化が進んでいる。農林業被害にとどまらず、森林環境への大きな影響や山地防災上の危険性も懸念されるところであり、適切な密度管理を実行するための努力が早急に必要であると考える。

最後に、三本杭における調査を委託され当地での研究の機会を与えていただいた四国森林管理局の関係者、委託調査に携わった森林総研四国支所の共同研究者と、「滑床を愛する会」の皆さまをはじめ現地で常に励ましやご協力をいただいている多くの方々に、心から御礼申し上げる。

用語解説

※糞粒法：地表に落ちているシカの糞粒（俵型ないし砲弾型）を数えて単位面積当たりの糞粒密度を調べることによりシカの生息密度を推定する方法。常緑広葉樹や造林地が多く森林内の見通しが利かない

西日本では、最も一般的な密度推定法である。
※GPSテレメトリー：自動車のナビゲーションシステムなどで使われているグローバル・ポジショニング・システム（全地球測位システム）を使った野生動物の行動調査法。衛星からの電波を受信して位置データを計算・記録する装置を組み込んだ首輪を野生のシカに装着して放し、一定期間後に首輪（またはデータ）を回収する。

引用文献

荒井魏　一九九七　日本三百名山　毎日新聞社
倉本恵生・小谷英司・松英恵吾　二〇〇五　四国地域のブナ林の分布とパッチサイズ　森林応用研究　一四（二）：七七－八二
山中二男　一九七九　日本の森林植生　築地書館
林野庁　二〇一〇　森林・林業白書　平成二十二年版　財団法人農林統計協会

6 どう守る三嶺の自然――市民・住民運動と協働

今、私たちはシカ食害に傷む三嶺山系の森を守るために、多くのNGO・NPO団体と研究者などが結集してネットワーク組織「三嶺の森をまもるみんなの会」を二〇〇七年に結成して活発な活動を行ってきている。それに先立ち、三嶺の自然を守る活動は一九七〇年代から始まっており、最初に「みんなの会」の母体となった組織の活動についてふれておこう。

（1）「三嶺を守る会」（高知）の活動と森の回廊四国をつくる会

三嶺を守る活動の始まり

三嶺は、古くから登山の対象の山として良く知られていた。どういうわけか深田久弥の日本百名山には選ばれていないが、山と渓谷社が二〇〇二年に行った読者アンケート「読者が選んだ日本の山一〇〇」では、石鎚山（五三位）と剣山（八四位）の間に入ってベスト一〇〇に選ばれた四国を代表する秀峰である。三嶺の魅力は、山頂からの景観、山の容姿に併せ、麓に豊かな自然林を有し、麓から頂上まで歩いてその自然を楽しめることにある。

日本列島全体が高度成長の波に乗り、石鎚山にスカイラインが建設され、剣山で登山リフトが運行されるようになっても、三嶺はそのような流れの外にあったかのように見えた。それは、この山が徳島から見ても、高知から見ても、非常に奥まった所に位置していたということが、主な要因だったと考えられる。そんな山にも一九七〇年代半ばになって、木材資源開発とは別の「開発」の波が押し寄せてきた。林野庁高知営林局（現在の四国森林管理局）による「三嶺自然休養林」の指定である。自然休養林制度は、天然林開発・拡大造林政策から大きく転換し、公益的機能や国民のレクリエーションの場としての機能を整備するために設けられた制度というふれこみであった。しかし三嶺自然休養林の計画の内容は、一八〇ヘクタールもの自然林を伐採し人工林に変えるとともに、林内奥深い場所（さおりが原付近）にキャンプ場を新設し、そこまで林道を延長するといったもので、登山者から見れば、何の反省もなく形を変えて行われる「拡大造林」と、全国各地で問題になっていた観光開発そのものであった。

一九六〇年代後半には、社会人の登山活動も活発になり、一九六六年には高知勤労者山岳会が、一九七〇年には高知県勤労者山岳連盟が設立されたほか、職場単位の山岳会なども活発に登山活動を展開していた時期であった。そのような登山者の団体が、多くの市民や大学のワンダーフォーゲル部などに働きかけ、一九七五年に「三嶺を守る会」を結成し、組織的に三嶺を守る活動がスタートした。三嶺を守る会結成アピールの一部を紹介すると「今又、同じような前時代的パターンで、四国最後の山三嶺が、ジワジワと破壊されつつあります。山は、登山者だけのものではないという偏見と、山の経済開発至上主義とに依って、両雄、石鎚山、剣山を始め、四国の主なる山々が車道に蹂リンされ、破壊される中、知っての通り三嶺一帯は、四国に残された最後の山岳地帯です。もはや、これ以上の破壊は許すまい！三嶺一帯の山々だけは、自然の原点として、残そう！　残さねばならない！」（原文のまま）といったように、「四国に残された最後の山三嶺を守ろう」という、参加者に共通した強い思いがこめられている。この思いは、流域の市民だけでなく広く県民からも支持され、三嶺を守る会のその後の活動の源となっている。

三嶺を守る会の活動の成果

三嶺を守る会は、三嶺の自然を紹介する写真展や公募登山、自然保護に関する講演会などを積極的に行い、三嶺の自然林の価値が非常に高いこと、その自然を保全することの重要性を訴えてきた。同時に、自然休養林のあり方について営林局との交渉を行った。その結果、林内のキャンプ場の整備や林道の延長工事の中止など当初の計画を変更させることができ、また、林道は国有林の専用林道としてマイカーの利用を禁止する措置が講じられることになった。守る会の側でも、「少なくとも登山者が自然を破壊する立場には立つまい」と、ゴミの持ち帰りを登山者に働き掛けるとともに、清掃登山活動に取り組んだ。この活動は現在も継続しており、毎年回収するゴミの量は、活動を開始から15年で当初の10分の1に減少し、それ以降、ほぼ同じレベルで推移している。このような具体的な成果に加え、何よりも大きかったのは、その後の三嶺自然休における自然保護や利用に関し、営林局（署）と守る会の話し合いによって解決していくというルールができたことである。協議の内容としては、守る会からは要望や要求が、署の方からは事業の説明が主ではあるが、お互いに協議して進めていく態勢が今日まで継続されてきた。それが今の「三嶺の森をまもるみんなの会」の協働の精神の基礎となっている。

森の回廊四国をつくる会での活動

一九九〇年代には、生物多様性を確保する場としての森林が位置づけられるようになり、生態系ネットワーク、一章の丹沢自然保護協会の年表に見られるように「森の回廊」（コリドー）の必要性がいわれるようになった。九〇年代後半になると、人間と（野生）生物の共存を可能とする森林づくりが課題になっていた。一九九九年には林野庁は全国の国有林を対象として希少動植物を守るために保護林と保護林をつなぐ緑の回廊を制度化し、順次指定していった。制度化以前に公表された、奥羽山脈を縦断して自然樹林帯をつくる構想（奥羽山脈自然樹林帯整備全体計画・青森営林局）は、示唆に富むものであり、非常に強いインパクトを与えた。それに触発されて、高知営林局や森林総合研究所四国支所、高知県の職員、動物園・植物園の学芸員、NPOの代表などが集まって、一九九七年に四国山地に森の回廊をつくろうという取り組みがスタートした。一九九九年には提言書も公表した。この提言は、地元新聞の夕刊一面や社説でも取り上げられるなど、県民やマスコミから大きな関心が寄せられた。

四国森林管理局が「四国山地緑の回廊設定員会」を設置し、実現に向けて取り組みを始めたのは二〇〇二年であったが、剣山系においては「保護林」が十分設定されていないことが課題として残った。協議の結果は、西熊渓谷を中心にした約四八〇ヘクタールと予想を裏切る規模のものであった。「三嶺を守る会」を代表する立場でこの委員会に参加していた私は、さおりが原周辺の他、白髪山周辺と徳島県の一部を含めた一〇〇〇ヘクタール規模での保護林の設定を主張した。三嶺を守る会、森の回廊四国をつくる会、四国自然史科学研究センターは、「三嶺の森　多様性保全を考えるシンポジウム」を開催するなど、剣山系における三嶺周辺の自然の重要性を訴え、より広い範囲で保護林を設定するよう求めたが、既設の自然休養林との調整が困難などの理由により実現させることができないまま、二〇〇六年、四七九ヘクタールが西熊山植物群落保護林として指定された。

そして、三嶺周辺の国有林は、治山工事が行われている一部の区域を除いて、そのほとんどが緑の回廊区域として設定され、保全が図られるようになり、さらに、具体的な地域名は記述しないものの、「モニタリング等の結果を踏まえ、稀少性、学術性など保護の必要性に応じて保護林の拡充等を検討する」ことが緑の回廊設定方針に追加されることになり、三嶺周辺における保護林設定への道筋が定まった。

また、これまで紹介したこと以外にも、お亀岩避難小屋建設に伴う架線支障木伐採問題や森の回廊区域における故損木伐採搬出問題などもあり、その都度話し合いを重ね、三嶺の森の保護にあたってきた。

シカ食害への取り組み

私が三嶺周辺でシカによる食害に最初に気が付いたのは、一九九八年のハイイヌガヤ群落の被害からである。二〇〇三年になるとウラジロモミ、ヤマヤナギ、ヤブウツギなどに樹皮剥ぎが見られるようになり、このうちウラジロモミは一部ではあるが、大径木の幹が全部剥がされるという状況も見られた。またこの年の秋には、オヤマボクチやオオマルバノテンニンソウ、イシヅチウスバアザミといった大型草本類の被害が確認されるようになった。ただこの時期は、季節や地域によって被害に強弱があり、ほとんど食害のない地域もあった。一方、フスベヨリ谷コースにある貴重なキレンゲショウマの群生地は、二〇〇四年八月の調査ではほぼ食い尽くされ、開花個体は一個体のみであった。フスベヨリ谷のキレンゲショウマ群落は、高知県東部での唯一の生育地であり、登山者の間では以前から注目されてきた。二〇〇二年ごろ「キレンゲショウマがだんだん少なくなっていくように感じる。山野草愛好者が不法に採取しているのではないか？」と話す登山者がいたが、その当時、キレンゲショウマが減少した原因とシカは結びついていなかった。

二〇〇四年の夏のフスベヨリ谷では、ツルギハナウド、ナンゴククガイソウ、ツリガネニンジンはまだ確認できていた。一冬越して〇五年春になると被害が顕著になり、ヒビノコナロのような森林内の平坦地では、ハイイヌガヤに次いでモミやウラジロモミの稚樹が枯死し、林床のカンスゲもあっという間になくなってしまった。一九九八年に観察されて以来、徐々に進行していた被害が二〇〇五年春から顕在化し、急激に拡大していった。被害の顕在化、拡大に伴って登山者や環境保全団体でもただならぬ事態だとの共通認識ができ、二〇〇五年一二月には、森の回廊四国をつくる会の主催でシンポジウム「ニホンジカによる食害問題を考える」が開催された。

そして二〇〇七年五月に、三嶺を守る会が主催し、守る会の会員の他、研究者、県、森林管理局等行政関係者を含めて九三名が参加して、三嶺一帯のシカ被害調査を実施した。そこで明らかになったのは、①森林帯で林床のササ、草本類、低木類が被害を受け、稚樹が消滅し、林床荒廃とディアラインが形成されていること、②稜線のウラジロモミは、樹皮剥ぎの被害が著しく、立ち枯れが進行し、広葉樹も約二〇種が被害を受けていること、③稜線のササ原の衰退、④さおりが原では、ニホンジカの不嗜好性植物であるバイケイソウのみが繁茂し、植生が単純化していることなどが確認され、調査前の想定を大きく超える深刻な森林の変化であった。

以上、三嶺を守る会の活動を中心に、三嶺の自然環境を守る市民活動の歴史を振り返ってみた。大きな流れとしては、国有林における経営方針の変化と市民活動の成熟があいまって、対峙・対立から協議、話し合いによる解決へ、そしてより幅の広い人々を含めた協働へと進化してきたと思う。特に二〇〇三年以降顕著になったシカによる森林生態系への影響、生物多様性の喪失に対しては、より広範な人々が知恵と力を出し合い、協働して取り組まないと解決できない状況になっている。

（坂本彰）

（2）「三嶺の自然を守る会」（徳島）の活動

三嶺ロープウエー計画を契機に――「三嶺の自然を守る会」の発足と活動

日本百名山などの各地の山岳では、登山者数が収容力を超えるオーバーユースが自然破壊を招き問題になっている。徳島県内においても、剣山で踏み荒らしによりササが枯れて裸地化が起こり、下界から持ち込まれたオオバコがはびこるなど植生に大きな影響が出ていた。徳島県の対応としては、一九九四年に大規模な木道設置が行われ、ササ原復元事業が実施された。三嶺も登山ブームにより人気が上昇していたため、剣山の二の舞にしてはいけないという機運が自然保護団体の間で高まっていた。そして二〇〇〇年に旧東祖谷山村において三嶺ロープウエー計画が持ち上がったのはまさにその頃であった。

徳島県東祖谷山村のロープウエー建設計画は、ロープウエーを備えた山岳自然公園を整備するというものであった。ロープウエーについては、三嶺北面の菅生地区標高八〇〇メートルから中腹である標高約一三〇〇メートルへと結ぶものである。また、山岳自然公園については、菅生地区の老朽化した青少年旅行村を再整備し、宿泊施設と温泉を備えた滞在型の施設の建設、その上部標高一三〇〇メートル付近の村有林の七〇ヘクタールに遊歩道・展望台・トイレを整備し、その中の一〇ヘクタールにキレンゲショウマ、コマクサ、青いケシなどを咲かせた高山植物園と薬用植物などの栽培地を設ける計画であった。

計画に対し、徳島、高知両県の登山団体や自然保護団体からは反対の声が相次いで挙がった。三嶺への登山時間が短くなることで登山者が増加し、山頂部のコメツツジとミヤマクマザサの群落が踏み荒らされることが予想されたからである。

「三嶺の自然を守る会」は、それをきっかけに二〇〇〇年に徳島県内の植物研究家や登山愛好者らにより発足された。県内外の賛同者に協力を呼びかけて署名を集め、計画反対を訴えた。高知県でも「三嶺を守る会」などが計画撤回を求める集会を開くなど反対運動は両県において行われた。約三カ月間の署名活動により、署名は徳島、高知両県を中心に全国各地から予想以上の数が集まった。ロープウエー反対の署名が東祖谷山村長あてに三万二七四九人分と、起債を認めないよう求める徳島県知事あての署名が二万六五七八人分集まった。その結果、東祖谷山村長は二〇〇一年三月村議会でロープウエー計画を白紙とし、代替案としてモノレールの活用を検討することを表明した。

その後、二〇〇四年に、三好市（旧東祖谷山村）は、標高一三〇〇メートル付近の遊歩道や高山植物園計画を中止し、モノレールのみの営業を決めた。また三好市は、徳島県自然保護協会や三嶺の自然を守る会などと何度も話し合いの機会を持ち、関係団体の意見を受け入れ、①モノレールは標高一三五〇メートル付近の周回でノンストップとし、三嶺中腹に観光客を降ろさない　②モノレールは騒音を出す軽油エンジンから電気に変更する、などを決めた。二〇〇六年七月に三好市は関係団体と確認書を交わし、その中でモノレールに関する新規計画がある場合は事前に協議する、登山者への利用は原則しないことなどを明記したうえで、同年九月よりモノレールの営業を始めた。

シカ食害問題へ

三嶺を含む剣山山系において、ニホンジカの食害が拡大の一途にある。三嶺の徳島県側においては二〇〇〇年ごろから樹木の皮剥ぎ被害がみられていたが、急激に衰退するスズタケを確認したのは二〇〇七年の春であった。標高一二〇〇メートルから始まったスズタケやミヤマクマザサの枯死は二〇〇九年には標高約一七〇〇メートルまで拡大し、ササ類以外の林床の植生も急激に枯死し、ほぼ消滅にまで至った。二〇〇八年ごろからは山頂部でもシカの糞をみかけるようになり、三嶺のシンボルともいえるミヤマクマザサとコメツツジの群落への被害拡大も時間の問題であるといっても過言ではない状況にある。

これらの食害は、生物多様性の保全の観点から非常に大きな問題であることはいうまでもない。また、植生が消えた急峻な地形の箇所では表土が流れ始めており、今後、台風などによる土砂災害も危惧されている。シカの生息密度が高すぎる中、抜本的対策が早急に求められていることは明らかである。

そうした中、当会は、これまでの独自な活動とともに、二〇〇八年には「三嶺の森をまもるみんなの会」に参加し、高知県側の市民・住民活動と連携してシカ食害問題に当たることとなった。とくに、当会が事務局を務めた二〇一〇年一月の徳島市でのシンポジウムでは、大きな反響があり、これを契機に徳島県も三嶺に対する認識を深め、対策を進めることとなった。さらに、「みんなの会」が企画した七月の樹木ネット巻き行事に当会が募集した徳島市民も参加し、被害状況の観察とネット巻き体験を行った。この行事もシンポジウム同様、新聞、テレビが大きく報じ、特集番組も放映された。この後、徳島県知事が三嶺を視察し、九月議会で山頂の国の特別天然記念物コメツツジ・ミヤマクマザサ群落（多くは徳島県の民有林）を防鹿柵で一気に囲むことを決定した。視察前はコメツツジだけをネットで囲むことを計画していたのに対して、知事の視察後は、高知県側の国有林も一部含めて延長二三〇〇メートルの防鹿柵に規模を大きくし、早速、事業が実行された。

その他、三嶺の徳島県側では高知県側に遅れをとっていたが二〇〇九年一一月に、徳島森林管理署が標高一四〇〇メートル付近のウラジロモミの樹林帯に約八〇〇メートルの防鹿柵を設置した。こうして、ようやく、シカ食害対策が動き出したのである。

（暮石洋）

（3）「三嶺の森をまもるみんなの会」の立ち上げと活動
——市民組織と流域の組織・研究者、そして自治体との連携

高知市に拠点を置く「三嶺を守る会」や「森の回廊四国をつくる会」が、先発NGO・NPOとして自然保護運動を展開し、近年シカ問題への取り組みを始めてきていた。徳島県の「三嶺の自然を守る会」もかつてのロープウエー建設反対運動から、近年のシカ食害問題へと活動がシフトしてきた。

一方、物部川流域では、二〇〇六年に香美市の市長、議員がこのシカ食害問題に気付き、四国森林管

理局に対策方の要請を行った。〇七年には「物部川21世紀の森と水の会」が当時香美市に拠点を置く「高知県森と緑の会」とともに、三嶺の自然林食害や下層植生の喪失が物部川の水・流域環境に悪影響を及ぼすという視点から取り組み始めた。物部川は洪水、長期濁水の被害を受けたばかりであり、それがシカによる食害で源流の森の水土保全、環境保全機能が低下した今、さらなる山林崩壊の危険性があることから流域共通の課題にあがったのである。

「三嶺の森をまもるみんなの会」(以下、みんなの会と呼ぶ)は、物部川流域の組織が、高知市に拠点を置く市民運動型の組織に協力を呼びかけて二〇〇七年八月に立ち上げたものである。図2‐6‐1の下方三つの四角で囲った組織が現在の構成団体(個人含む)であり、最も早くから活動している三嶺を守る会をはじめとするNGO・NPOの他に高知大グループ等研究者も多数参加していることが特徴である。また、県境をまたぐ山系であることから、徳島の三嶺の自然を守る会も二年目から参加している。緩やかなネットワーク型組織として、総会に加えて年間一〇回程度行われる定例会議には各組織の代表や個人参加の研究者等が参画し、情報の共有と活動内容の企画と実施計画が立てられる。また、問題解決のためには森林と環境の管理者であり、財政措置が可能な行政に働きかける必要があり、協働が欠かせないという認識のもとに、林野庁四国森林管理局、森林管理署、県の関連部局、香美市の担当者等も「発言は自由なオブザーバー」として参加する仕組みとなっている。いわば、民主導の「ミニ協議会」的性格をもっている。一般に、この種の問題に直面して設置される協議会は官主導型が大半を占め、行政が中心となって諸団体が参加する協議会が設置され、その下で時にはボランティアの組織化が行われる。そうした中、民主導でことに当たっている三嶺方式は全国的にはユニークな活動といえよう。

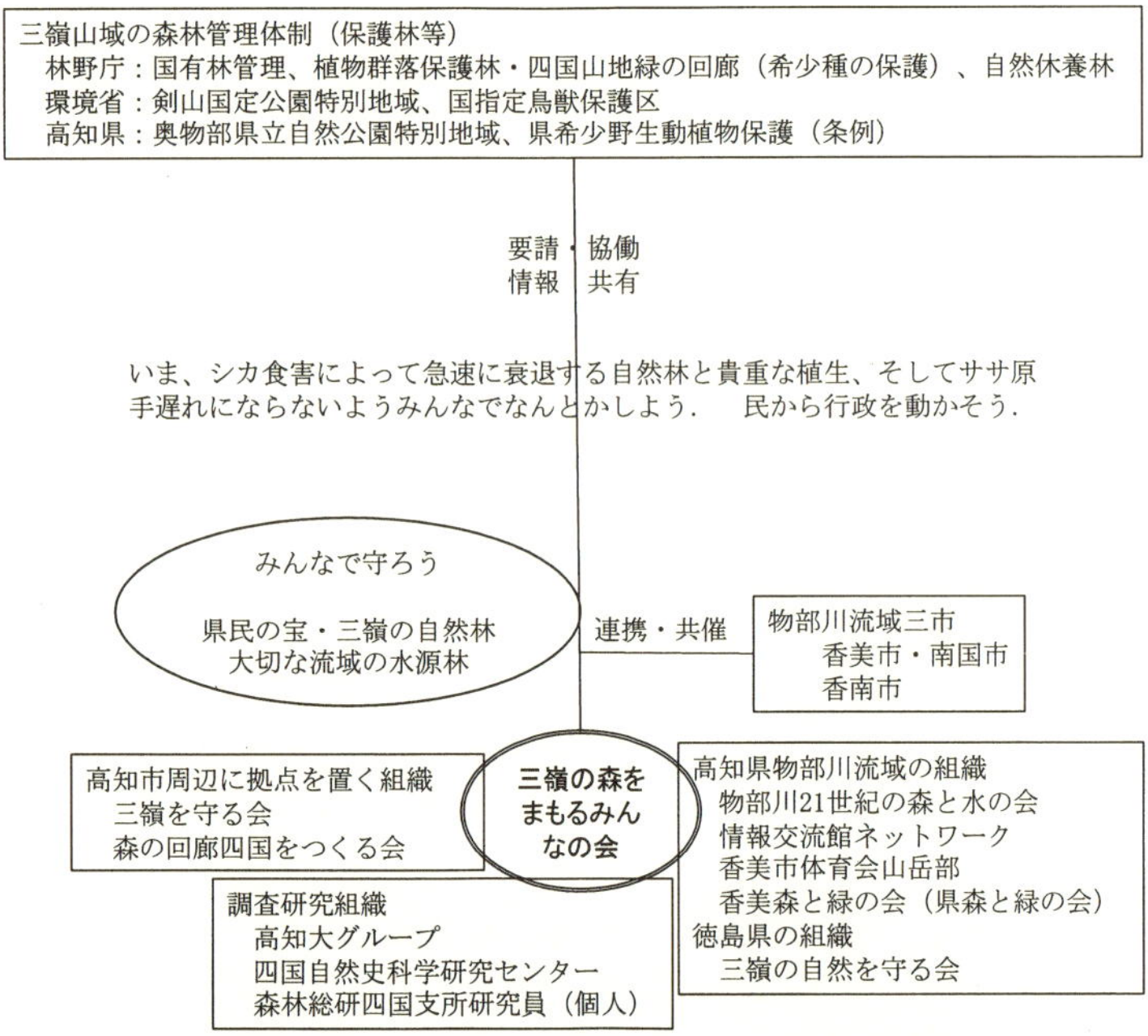

図2-6-1　三嶺の森の管理体制と三嶺の森をまもるみんなの会の位置づけ

なお、保護柵設置などの現場活動は、国有林で行われることから中部森林管理署とともに主催の形で実施し、シンポジウム・報告会はみんなの会が主催、環境省を含む各行政が共催の形で行われる。活動資金は主に公募事業に依るが、流域三市の出資に基づく「物部川流域ふるさと交流推進協議会」から毎年一定の資金的支援も受け、流域の環境保全に向けて、みんなの会と三市がパートナーとなっており、行事も共催の形で行われる。

みんなの会の活動内容

みんなの会の目的は、希少種と森林生態系の保護再生、自然景観の保全、そして物部川源流域の環境・水土保全である。そのため、現場に頻繁に足を

山の現場でのボランティア活動（13回実施～参加者1回平均約100名）
　植生保護柵（防鹿柵）設置（32カ所）、及び樹木保護ネット巻き
　資材は四国森林管理局（全般的）、高知県（希少種対策）提供
調査・モニタリング活動（春～秋、毎月実施）
　高知大グループの研究者と学生　樹木被害調査及び保護柵内外の調査
シンポジウムと公開報告会
　シンポジウム「どう守る 危機に立つ三嶺の森」等（年1回、計3回実施）
　公開報告会「蝕まれる三嶺・剣山系の自然」等（年1回、計3回実施）
　それぞれの「資料集」の発行（計6回）
シカ食害普及啓発写真パネル展
　物部川祭り、高知山の日行事、その他公共施設等で随時実施
環境教育や研修への協力
　山の現場での観察・体験への協力（小学生・中学生・高校生）
高知市の小学校環境教育部会でのアドバイス、小学校への出前講座
　環境教育用DVD「とりもどそう三嶺の大自然 深刻化するシカ食害」の作成と配布

表2-6-1　三嶺の森をまもるみんなの会の活動内容（2007～2010）

運び、モニタリング活動を通じて科学的情報を共有し、公募ボランティア活動やシンポジウムの開催などによって市民・住民への啓発を進めるとともに行政への働きかけを行っている。発足後の活動（二〇〇七年八月～一〇年一〇月）は、表2-6-1に示す通りである。山の現場でのボランティア活動、調査・モニタリング活動、シンポジウム・公開報告会活動、そして、環境教育が事業の四本柱である。これらは、総会並びに定例会においてみんなの会が企画し、実施計画が立てられる。また、児童生徒への環境教育も重視し、山の現場での食害観察や体験に協力するとともに先生方と一緒に環境教育用のDVDも作成し、高知市や流域の小学校で活用されている。

　基本となる山の現場での保護柵設置やモニタリング活動は、一貫して継続されているが、二〇一〇年は新たな段階として、徳島との連携を

深めたことと、環境教育への協力が進化したことがあげられる。環境教育に関しては、郷土を代表する原生的自然の危機をどう取り戻すかという視点からDVDと写真を活用して、一部の小学校と農業高校では授業の中に組み込まれつつある。そして、徳島との連携の強化に関しては、稜線で結ばれている三嶺から剣山の山々は一つの山系であることから、シカ対策も共同して実施しないと成果があがらないという視点から進めることとなった。みんなの会企画主催のシンポジウムを徳島県自然保護協会、森の回廊四国をつくる会とともに開催することとなり、二〇一〇年一月に「深刻化する剣山山域におけるシカの食害」を開催した。また、二〇一〇年七月の山の現場行事には徳島市民も参加して行われた。

みんなの会の活動の成果と波及効果

私たちの活動の多くはマスコミによって取材を受け、大半は報道された。高知新聞、朝日新聞の記事に加えてテレビ取材も何度か受けた。KUTVテレビ高知の「がんばれ高知　エコ応援団」で三回（森と緑の会主催を含む）、NHK、RKC等のニュースでも放映され、ラジオでも何度か取り上げられた。また、徳島市でのシンポジウムも徳島のテレビ、新聞で取り上げられ、剣山から三嶺にいたる山々の危機が徳島県民や行政に認識されるようになった。さらに、二〇一〇年七月の三嶺山域でのみんなの会ネット巻き行事には徳島市民も参加して行われ、その際徳島新聞と四国放送の取材があり、新聞報道とテレビでの特集番組も放映された。

それらによって、三嶺ならびに剣山系全体の自然林シカ食害問題は一般の方々にもかなりの程度知られることとなり、マスコミは世論形成に大きな役割を担うとともに行政を動かす媒体として機能してきた。具体的には先ず高知県において、香美市から国・県へのシカ対策強化の陳情に加えて、みんなの会の活動に関わるマスコミ報道は、自然林保全のための世論形成と行政を動かす大きな力となった。その一つが鳥獣保護区での管理捕獲である。高知県鳥獣対策課は、二〇〇八年度当初、農林業被害対策を中心に約二〇〇〇万円の予算要求を行ったが、七月議会では、知事ならびに議員の判断でなんと四倍を超える約九〇〇〇万円の予算となり、うち新たに三嶺・黒尊を対象とする自然林・鳥獣保護区でのシカ個体数調整事業費として八一六万円が認められた。これを契機に四国では初めての自然林保護のための捕獲が実施されることとなる（管理捕獲については本書Ⅲの2節で詳述する）。

また、石川報告にあるように植生保護柵の効果が絶大で、二〇〇八年五月に設置したカヤハゲの保護柵内でわずか三カ月後には六〇種もの植生が柵内一面に蘇った事実は、行政の認識を一段と高め、カヤハゲ、韮生越を中心とした植生の再生をめざした保護柵を多く設置する事となった。そのきっかけは、当時のみんなの会事務局長が四国森林管理局の計画部長に同行して現地視察を行ったことである。同時に、みんなの会はカヤハゲ下段の韮生越の崩壊地にコンクリートを使わない生態環境回復型の治山工事の要請を行い、これも〇九年度に実現した。

二〇一〇年は徳島との連携強化の年で、一月のシンポジウム後、徳島県は「剣山シカ被害対策協議会」が立ち上げて剣山山域及び周辺地域での管理捕獲の強化を図ると同時に、三嶺山頂の国の特別天然記念物に指定されているコメツツジ・ミヤマクマザサ群落を保護するために防鹿柵の設置を規模拡大して実施することとなった。徳島県は、これまで観光開発がすすんだ剣山を中心に、観光資源としてのキレンゲショウマ等のお花畑を守る対策を県主体のもとに実施してきた。ごく最近まで高知県境の山、三嶺山域にはほとんど目を向けて来なかった。それが、一月のシンポジウムを契機に、マスコミ報道によって市民の関心も高まり、さらにシンポジウムの事務局をつとめた徳島の「三嶺の自然を守る会」の働きかけによって三嶺での対策も進むこととなった。その内容については、(2)の「三嶺の自然を守る会の活動」で述べられている通りである。

最後に、普及啓発活動や環境教育を通じて、①「郷土の本来の森」の姿を保つ貴重な原生的自然林を守ること、②森・川・海のつながりの中で自分たちの源流の森を守ること、③守るためには自分たちが関わること、これらの大切さが少しずつ認識されていることが成果としてあげられる。昨年児童と共に山の現場を訪ねた時、観察・体験後の感想の中に「オオカミを放せばよい」、「シカも生きていかんといかんし、人間も大変やし……」という児童の率直な意見があった。生態系の欠陥や人と自然がどう共存していけば良いのか、といった問題の本質にせまる意識が子どもたちの学習や実体験から芽生えているのだ。学習や体験がなければ、今、日本の自然で起きている「ちょっと変」から「嘆かわしいほど変」なできごとを知ることなく、当たり前のこととして受け入れてしまうであろう。知ることは、自然に対する価値の評価基準を獲得することにほかならない。それによって自然を守ることの大切さや行動につながる意識が醸成されよう。

（依光良三）

Ⅲ ヨーロッパと日本のシカ対策

1 ヨーロッパにおけるシカ類の管理の仕組み

はじめに

シカをはじめとする大型草食獣の過剰問題は日本だけで起こっていることではない。野生鳥獣の保護管理の先進国といわれているヨーロッパやアメリカでも大型草食獣の分布拡大および個体数の増加が社会問題になっている（McShea *et al.* 1997, Côté *et al.* 2004）。分布拡大や個体数の増加には後述する複数の要因が複合的に関わっており、それらが大型草食獣の餌の質と量を向上させ、高い個体群成長率を可能にしてしまった。現在の先進諸国はまさに大型草食獣の楽園である。

筆者は、二〇〇九年六月から一〇年三月までノルウェー中部の第三の都市トロンハイムにあるノルウェー自然研究所に博士研究員として在籍していた。トロンハイム近郊には二種類のシカが生息している。林道を散策していると、足跡が至るところに見つかる（図3-1-1）。また、樹木の枝先が食べられている痕跡も頻繁に見られ、姿を見ることはないものの、結構な数のシカが生息しているのではないかと感じた。それだけいるからには、農林業被害も深刻に違いない。しかし、研究所でシカによる農林業被害の話題を聞くことはほとんどなかった。研究とは無縁なノルウェー人に聞いても、シカがたくさんいるとノルウェーでは狩猟者が喜ぶんだという。日本の新聞で野生動物の話題といえばシカやイノシシによる農林業被害であるが、ノルウェーの農業系新聞の中心的話題は、オオカミやオオヤマネコといった肉食獣が家畜を襲った事例であった。結局、シカ類による農林業被害の記事を目にする機会はなかった。森林で食痕が目立つのに、なぜ農林業被害の声を聞くことはないのか？　本節では、ヨーロッパにおけるシカ類の現状と狩猟システムを紹介しながら、食害がなぜ被害意識につながらないのか、一仮説を提示したいと思う。本節の多くは二〇一〇年にCambridge pressから出版された『European ungulates and their management in the 21st century』（Apollonio *et al.* 2010）から引用した。

図3-1-1　林道際のシカの足跡

（1）ヨーロッパにおける大型草食獣と狩猟権

大型草食獣の分布拡大・個体数増加の背景

ヨーロッパに生息する二〇種類の大型草食獣のほぼすべての種が生息域を拡大し、生息密度を高めている。たとえばオーストリアに生息する有蹄類は一二六万頭と推定され、国土面積で密度換算すると、平方キロメートル当たり一五頭である（Apollonio *et al.* 2010）。スコットランドに生息するアカシカの密度は平方キロメートル当たり四五頭に達している。農林業被害が日本で最も甚大であり、生息頭数が多いとされる北海道東部のエゾシカ個体数で約三〇万頭と推定されており（北海道庁HP）、単純に森林面積で割ると平方キロメートル当たり約一六頭である。つまりヨーロッパは日本にひけをとらず大型草食獣の密度が高いといえる。しかし一〇〇年前にさかのぼる二〇世紀初頭のヨーロッパは、野生鳥獣の乱獲の時代であった。ドイツでは王侯貴族のみに許可されていた狩猟が一八四八年の革命以降、農民にも開放され、草食獣による農作物の食害に苦しんでいた農民は、その反動で数年の間に大型草食獣を駆逐した。野生動物の保護管理制度は乱獲によって激減した狩猟獣を回復させるために始まったのである。そして、第二次世界大戦以降の森林の伐採開発と狩猟の規制によって、大型草食獣の生存に有利な状況になっていく。木材の需要の高まりとともに皆伐が盛んに行われるようになり、伐採跡地には栄養価の高い草本や稚樹が繁茂し、大型草食獣の環境収容力を著しく高めてしまった（Sæther *et al.* 1992）。一方で、オオカミをはじめとする肉食獣は乱獲の時代に害獣として駆逐され、その分布と生息数は限られ、捕食者による大型草食獣に対する個体群調節機構はすでに失われてしまっていた。さらに、唯一の捕食圧である人間による狩猟活動に目を転じると、北欧諸国では一九七〇年代に繁殖メスを保護し、子やオスを積極的に撃たせる政策を行い、繁殖力の高い集団を作ってしまっている。大型草食獣は捕食者が不在の環境で、餌資源環境にも恵まれ、またメスを擁護する捕獲規制の状況下で確実に増加し続けてきたのである。

以上のことは、日本におけるニホンジカの分布拡大・個体数増加の背景と非常に類似している（梶ら、二〇〇六）。さらに、ヨーロッパでは、在来および外来種の再導入や冬季の餌付けといった取り組みも分布拡大や個体数増加を助長してきた。スウェーデンやフランスでは、在来のアカシカが著しく減ったという理由で隣国からアカシカを積極的に移入してきた。また、東アジアにしか生息していないニホンジカを一九世紀末から二〇世紀に移入し、現在も駆逐されることなく各国の狩猟統計に登場する。さらに、冬季に発生する樹皮剥ぎや餓死を防ぐために冬季の餌付けが行われている。不必要な餌付けの継続が個体数を人為的に増やしているという批判を受けながら、今もなお普通に行われている。日本ではあまり耳にしない狩猟獣を積極的に増やす取り組みがヨーロッパには存在する。

狩猟権と農林業被害補償

ヨーロッパでは野生動物の所有者はいない（無主物）、もしくは国民の財産と位置づけられている。この点は日本と同様であるが、日本には存在しない「狩猟権」というものが土地所有者に与えられている。日本の場合、狩猟免許を取得し、ある都道府県で狩猟者登録を行えば、法律上は県内のどこでも狩猟をすることができる。ヨーロッパでは、狩猟免許と狩猟者登録に加えて土地所有者から狩猟をする許可を得る必要がある。狩猟許可は、入山のための借地代や動物捕獲代を支払うことによって認められる。代金は、国によって、地域によって、また狩猟獣の豊富さによって異なるが、物価の高いスウェーデンでは一ヘクタール当たり三〇ユーロであり、一方旧東ドイツでは五ユーロ程度である。また同じドイツ国内でも狩猟獣の密度が高い地域では、一ヘクタール当たり一〇〇ユーロ近い価格に跳ね上がる。土地所有者は狩猟権を狩猟者に貸し出すことで収入を得ることができるので狩猟獣は収入源として大切な存在である。

このように、土地所有者にとって狩猟獣は収入源になるものの、食害を引き起こす動物であることに変わりはない。しかし、食害に対して、直接的であれ間接的であれ、補償がされている。食害に対する補償は、狩猟者や狩猟団体によって行われる。ドイツでは狩猟許可を受ける際に食害補償代の支払いも借地代に含まれていることが常である。食害への補償額は、現状の木の成長量を基準に、食害を受けた木と食害を受けていない木の本数と分布を調べ、その時点での経済価値を考慮して決定される（Shaller, 2007）。しかし、食害補償の請求は決して簡単ではない。たとえばフランスでは食害が間違いなく狩猟獣によって引き起こされたことを証明するとともに、最低限の個体数を駆除していることが前提である。また、ドイツでは食害が発生した半年以内に補償申告を行う必要がある。他にも、シカがあまり好まないドイツトウヒの森に、シカの餌資源になる堅果をつけるブナのような広葉樹を植えた場合、ブナの回りにフェンスを張るといった自衛行為をとらなければ、たとえ食害が発生しても補償はされない（Shaller, 2007）。他方、狩猟権貸与による収入に食害補償という観点が含まれている国も多い。たとえば、ノルウェーでは、この二〇年間の大型草食獣の増加によって、ヘラジカによるスコッチパインへの食害やアカシカによる牧草地の食害が甚大である。しかし、木材価格の低迷期にあったこの期間、木材販売よりも狩猟権の販売による収入が上回り、大型草食獣の増加は土地所有者にむしろ歓迎された。また、牧草地の被害が発生する春は狩猟期ではないため、被害を防ぐためには土地所有者自らがアカシカを駆除しなくてはいけない。しかし、春のアカシカの駆除数も、狩猟期の捕獲許可数に含まれるため、春に駆除を行うと猟期中に狩猟権の販売で得られる収入は減ってしまう。そのため、土地所有者は、春にシカを駆除して牧草を守るか、牧草地の収穫量の減少を我慢して秋の狩猟権の貸与で収入を得るかを天秤にかけるのである（Veiborg 博士私信）。このように、ヨーロッパでは、土地所有者と狩猟権が結びついていることによって、日本のように、シカの存在＝所得減少をもたらす害獣という図式にはならない。

ヨーロッパでは狩猟鳥獣肉（ジビエ）の販売は一大産業である（大泰司と本間、一九九八）。ドイツにおけるジビエの年間収入額は、ノロジカで七八億円、ヨーロッパイノシシで一〇四億円である。Nordic hunters' cooperation（二〇〇八）によると、ノルウェーでは、消費する肉の三パーセントが狩猟獣肉であり、フィンランドの狩猟は年間八〇〇万キログラム以上の肉の生産に貢献し、スウェーデンでは七〇パーセント以上の家庭が年に一度はジビエを楽しんでいるそうだ。ジビエは恵まれた自然環境で育まれた産物として、北欧市民の食卓を豊かにする。狩猟の動機は、文化継承、撃つ喜び、自然の中での体験、健全な生態系維持など、個人によって様々である（Shaller, 2007）。ドイツでは、多くの人にとって、狩猟目的は角（トロフィー）であり、肉を得ることではない。しかし、狩猟鳥獣肉を買い取るシステムの存在によって、屠体の処理を負う必要がないまま、結果として自分の興味外である部位も有効に利用される。狩猟鳥獣肉が産業として存在し、多くの家庭で当たり前に利用されていることを考えると、ヨーロッパ人にとって狩猟は決して狩猟者の個人的行為と片付けられるものではなく、今日の社会に経済的にも文化的にも多大な影響力を持っているのである。

このように、ヨーロッパでは狩猟権の存在と狩猟鳥獣肉の流通システムによって、狩猟獣の存在が貨幣価値に変換され、土地所有者↑狩猟者↑食肉業者↑消費者の方向に経済の流れができている。ヨーロッパ社会における大型草食獣は、農林業地域でただ食害をもたらす動物というよりも、狩猟の日までその地で育成されている資源動物という認識ではないだろうか。農耕地での食害は、狩猟獣の採食行動によって引き起こされる一側面にすぎず、良質の肉資源になるための栄養供給という側面がヨーロッパでは評価されているといえる。被害とは、あくまでも人間の生産活動に経済的損失が発生したときに初めて発生する（三浦、一九九九）。害獣的側面を大きく上回る益獣的価値の創出によって、ヨーロッパの一次生産地域社会における狩猟獣の過剰状態は、被害意識を過度に喚起することなく、現代社会に受け入れられているようだ。

狩猟権では解決しない自然林における大型草食獣の過剰状態

とはいえ、現在の大型草食獣の過剰状態をどのような立場からも容認できるかは疑問である。大型草食獣をどの密度範囲内で維持するべきかに関しては、目的に応じて異なるからである（梶ら、二〇〇六）。スウェーデンでは、ヘラジカによる林業被害を防ぐため、この二〇年の間に個体数は半減されたが、五〇年以上前と比較すると今なお高い密度で維持されている。そのため、林業者たちからは、さらに個体数を半減させる必要があるという声があがっている。しかし、多くの狩猟者たちは食害の算定の仕方に疑問を持ち、この考えに反対することが多い。ドイツでは動物よりも森林の保全が優先だというスローガン（Wald vor Wild：動物よりも森林が優先）のもと、国有林では森林更新が可能になるよう大型草食獣を減らそうとしている。しかし九五パーセントを占める一般狩猟者（残り五パーセントは森林管理者である）は猟果を追い求めるため、狩猟獣が豊富な森を作りたいと考え、国有林とはめざす密度が異なる。

また、大型草食獣の過剰状態は農林業の場と地続きである自然林にまで広がってしまい、森林更新や生物多様性への影響が懸念されている。一般に生物多様性は中程度の採食圧が生じた際に最大になるが、それを超えると森林構造に多大な影響を与え、植物や動物相に不利益をもたらすといわれている。ドイツのアルプスでは、高標高地域において、大型草食獣による採食圧が著しく、森林更新が阻まれ、国土保全の危機に立たされている。アルプス地域の保護林の九パーセントが土砂災害や氾濫や洪水を防ぐ機能を損なってしまい、その修復に、一九八六年以来六〇〇〇万ユーロもの莫大な予算をかけている(Shaller, 2007)。また、イタリアの国立公園では、森林更新を妨げている有蹄類を減少させるために、管理捕獲(culling)が行われている。オーストリアでは、自然保護地域に拡大してきた有蹄類の取り扱いについて五〇対五〇ルールという方針を定めている。自然保護地域の半分では、大型草食獣による採食や樹皮剥ぎを自然現象だとみなして放置し、残りの半分では、自然植生の更新を促すために、大型草食獣の個体数管理を行うのである。

近代における、(1)自然界における捕食者の駆逐、(2)森林生態系の改変(3)保護政策が大型草食獣の過増加をもたらしたことを考えると、現在の自然林における草食獣の採食圧は歴史的に高い状態にあるといえる。自然林における大型草食獣の過剰状態は、狩猟権のような経済的付加価値で解決される問題ではない。自然林が保有する生物多様性や国土保全機能を衰退させないためには、自然林における草食獣の密度を人間の経済活動域である一次生産地域よりも低く維持していく必要があると考えられる。しかし、大型草食獣の高密度状態を歓迎する狩猟団体は政治的にも経済的にも力を持ち、利害関係者間の溝は深い。自然林における大型草食獣の過剰問題は、日本と同様に深刻な問題である。

まとめ

●シカ類をはじめとする大型草食獣の分布拡大および個体数増加の背景には日本と同様に（1）自然界における捕食者の駆逐、（2）森林生態系の改変、（3）保護政策が挙げられる。さらに、在来種や外来種の人為的導入や冬季の餌付けといった積極的に大型草食獣を増やす取り組みも、ヨーロッパでは行われてきた。

●ヨーロッパでは土地所有者が狩猟権を持つため、狩猟獣である大型草食獣の存在は食害をもたらす害獣的側面だけでなく、収入源として肯定的に受け止められている。かつ狩猟鳥獣肉の流通システムによって、土地所有者↑狩猟者↑食肉業者↑消費者の方向に経済の流れができている。

●しかし、大型草食獣の過剰状態は農林業の場と地続きである自然林にまで広がり、自然林が有する生物多様性や国土保全機能への悪影響が懸念されている。しかし、許容できる密度に関しては利害関係者の間で温度差が存在し、日本と同じ課題に直面している。

（2）ノルウェーにおける大型草食獣の資源と捉えた管理

以上のように、今日の自然林における大型草食獣の過剰問題はヨーロッパが直面している難題であるが、一次生産地域において、大型草食獣は肯定的に位置付けられていることが分かった。特に北欧諸国では、狩猟獣を資源と位置づけ、持続的収穫を目的とした個体数管理が行われている。この節では、ヘラジカの個体数管理の成功国であるノルウェーの狩猟状況を筆者の体験記に基づきながら描写し、日本の課題を浮き彫りにしたい。

ノルウェー国の概要

ノルウェーはスカンジナビア半島にある北緯五七度から七一度に位置する日本とほぼ同じ大きさの国土(面積三八万平方キロメートル)を持つ国である。人口はわずか五〇〇万人にもかかわらず、約二〇万人が狩猟免許を所持しており、二〇〇八年度猟期に狩猟に参加した人間は一四万人に及ぶ。そのうち九万人がシカ類の狩猟に従事する。隣国のスウェーデンやフィンランドも同様な状況であり、北欧諸国はヨーロッパの中でもとくに狩猟に親しみを持った国々である。狩猟対象獣になるシカ類はヘラジカ(図3-1-2)、アカシカ、トナカイ、ノロジカの四種類である。

図3-1-2　ヘラジカ

安全な猟場で犬を使ったグループ猟

筆者が参加したヘラジカ猟の場所はトロンハイムの市街地から車で約一時間程度の距離にある森林地帯である。第三の都市圏にありながら、猟場がこんな身近にあることに驚かされる。ヘラジカ猟は九月二五日から一〇月末までで約一カ月で終了する。最初の一週間は、多くの人が休みをとって猟に出かけ、それ以降は毎週末に行く。そのため、この期間は、職場はガランとする。狩猟はノルウェーの一大風物詩である。

ヘラジカ猟は一般にチーム体制で行われる。私が見学したチームは、六名からなり、半分は職場の同僚であり、残りの半分は地元の友人や元同僚などから成る。ノルウェーでの狩猟への門戸は広く、狩猟免許を取得し、射撃試験に合格すれば、外国人でも狩猟をすることができる（ノルウェー政府自然管理局）。ノルウェーは自然とふれ合う機会の提供に非常に熱心であり、市民は、土地の所管に関係なく、山菜とり、キャンプファイア、クロスカントリーなどといったアウトドアを楽しむことができる。狩猟もその延長上にある。

図3-1-3　獲物を探す猟師

図3-1-4　猟師が待機するタワー

狩猟にはイヌを同行させることが義務づけられている。イヌは、ヘラジカの匂いを嗅ぎつけて飼い主を誘導することに加えて、撃たれた動物を探索できるように訓練されている。チームの狩猟者の一～二人がイヌを連れて、というよりもイヌに連れられて林内を歩き、獲物を探す（図3-1-3）。その他の狩猟者たちは、林内に面する開放環境の尾根上や小高いところや狩猟用に設置したタワーの上で待機している（図3-1-4）。各待機場所の周囲には疎林または荒地や湿地が広がり、見通しがよい。また、小高い場所にいるので安全に狙うことができる。待機している人間同士の距離は遠く、連絡は無線で行う。

一般に土地所有者は広大な土地を持つため、自分の土地に複数の狩猟チームを迎え入れる。しかし、各狩猟チームに異なる猟場を与え、それぞれが重なることはない。そのため、森で知らない人間に出くわすことがなく（ただし小動物の狩猟は別）、安全な狩猟ができる。また、土地所有者は、いつどこでどの狩猟チームが猟をやっているのかをすべて把握しているので、緊急時への対応が可能である。これは日本において、いつどこで誰が猟をやっているのか誰も把握していない状況と対照的である。

狩猟獣の有効活用

射殺後、内臓摘出がその場ですぐに行われ、解体小屋に運ばれる。解体小屋は土地所有者から借り受けている。小屋には林業機材等も収納されており、解体専用の場所ではないが、日本の狩猟者の多くが山の中で解体作業をしている状況に比べればすばらしいと感じる。胸部を摘出し、皮を剥いだ後、小屋の天井から屠体を吊り上げ、四～六日ほど放置する（図3-1-5）。小屋にはとくに空調があるわけでは

図3-1-5　獲物を解体し熟成させる

図3-1-6 ヘラジカ等の肉を売るスーパー

ないが、九月末のトロンハイムの気温は一〇度前後で虫もわかない。積算四〇度を基準に熟成させ、その後、成獣の場合は四等分、子の場合は二等分にする。かなり大胆である。

筆者が参加した狩猟チームは、今猟期に一〇頭のヘラジカを捕獲する許可を購入していたので、合計一トン近い肉を一カ月間で手に入れることになる。そんな膨大な量の肉を狩猟者たちだけで食べきるのは不可能だし、保存する場所にも限界がある。ノルウェーでは、狩猟者自身が肉の販売を手がける。狩猟チームのリーダーは、猟期が始まる前に、メールや口コミで広報し、購入希望者を募る。ヘラジカ肉は季節限定の肉で味にも定評がある。販売する単位は五〇キログラムであるため、やはり相当な量に感じるが、広い家を持ち、ホームパーティをする機会の多いノルウェー人には問題ないかもしれない。狩猟鳥獣の肉は大きなスーパーなら季節を問わず販売しているが（図3-1-6）、狩猟者から直接購入する肉の方が、新鮮であり単価も安く生産者（狩猟者）の顔も見える。狩猟チームが販売するヘラジカ肉は常に完売してしまう。たとえ、肉を売りそこなった場合でも、食肉卸業者が買い取ってくれるため（ただし個人売買の価格よりも安く買い取られる）、獲物が無駄になることは決してない。

筆者の狩猟チームのヘラジカ肉販売記録によると、一キロ（骨付き）当たりの販売価格は一二六〇円であり、収穫総量が一〇〇〇キログラムなので、一〇〇万円近い収入を得たことになる。しかし、収入のほとんどは、土地所有者から事前に払った捕獲代を賄ったにすぎず、儲けはほとんどない。販売する狩猟者にとって、販売価格は、作業コストを考えれば、決して黒字にはならない。しかし、自分たちが獲ったものを、無駄にすることなく、誰かに喜んで食べられることは、何よりの喜びである。ヘラジカ猟は、生活の糧を得るためではなく趣味の範疇であるが、得られた猟果を資源として有効に利用することは彼らにとっては当然の行為である。ヘラジカ肉が販売できなくなったらどうするかと友人の狩猟者に聞いたことがあるが、そんなことは考えられないと答えられた。日本で捕獲数が伸び悩んでいる問題の一つは、獲物を資源に転換するための解体処理場や流通システムが整備されていないことである（大泰司・本間、一九九八）。

捕獲許可数に基づく個体数管理

日本の狩猟の場合、捕獲数は、狩猟者一日当たりという単位で制限されているところが多い。たとえば、二〇〇九年度の北海道の狩猟規制によると、ニホンジカのオスは狩猟者一日当たり一頭しか獲ることができない（ただし、個体数削減のために現在、メスは無制限である）。それに対して、ノルウェーを含むヨーロッパ諸国では、事前に捕獲許可数が決まっており、その土地で何頭獲っていいのかがあらかじめ決まっている。ノルウェーでは四三〇に分かれた市町村が狩猟獣の管理計画の責任者であり、管理計画は、さらに市町村に属する猟場単位で作られる。ノルウェーの狩猟獣の管理目的は、狩猟獣を自然資源ととらえた持続的管理である。猟場を構成する土地所有者たちは、現状の動物の生息数、性や齢の構成割合、管理目標を鑑みながら、向こう二～五年に生息数を増やしたいのか減らしたいのかという方針に基づいて、三つのカテゴリー（子・成獣メス（一歳以上）・成獣オス（一歳以上））別に捕獲許可数を決定する。計画は市町村によって審査を受け、承認された後に実行される。多くの猟場では、捕獲許可数の半分が子に割り当てられるため、狩猟中に成獣メスや成獣オスを目撃しても、撃てずに見逃すことがしばしばある。日本でシカの捕獲数が伸び悩んでいる状況からしたら、勿体ないと感じる。しかし、ヘラジカは体のサイズも大きく、群れを作らず、排他的に分布しているため、一平方キロメートル当たり多くても一～二頭である。狩猟チームに割り当てられた捕獲許可数は、猟期を待たずして消費してしまう。

個体数モニタリングへの狩猟者の貢献

狩猟チームのリーダーは猟期終了後に捕獲状況を報告することが義務づけられている（Solberg *et al.* 1999a）。報告用紙には、いつ何人の狩猟者が出猟し（狩猟努力量）、何頭のムースを目撃し（目撃数とその内訳）、捕獲したのか（捕獲数とその内訳）を書かなくてはいけない。日本でも、鳥獣の保護及び狩猟の適正化に関する法律の改正にともない、二〇〇三年度から捕獲報告が法律で義務づけられた。ヘラジカのモニタリング調査は、一九六〇年代から始まり、現在ノルウェー全土で実施されている。各狩猟チームが排他的にノルウェー全土に空間配置されているので、広い範囲にまんべんなく目撃情報が得られており、有用な個体数指標としてヘラジカの個体数管理に貢献している。すなわち、一定の狩猟努力量に対し、ヘラジカの目撃数が多くなれば、それは個体数の増加を意味するので、翌年以降の捕獲数許可数をあげる方向に調整する。一方、目撃数が少なくなれば、逆の操作を行う。このような順応的な管理によって、ヘラジカの個体数は安定的に維持されている（Solberg *et al.* 1999b）。

おわりに

ノルウェーのヘラジカ管理は、管理施策への狩猟者の全面的協力のもと、資源を有効に活用できるシステムによって成功している。狩猟者が施策にあわせて出猟機会を調整しているからこそ、一定の密度でヘラジカが維持されている。また、食料やレクリエーションの対象として活用できるシステムがあるからこそ、狩猟者も消費者も満足する。さらに、狩猟を収入源とすることで土地所有者は食害を許容できる。狩猟獣はすべての関係者にとってプラスの価値を持っている。このように、狩猟獣を資源としてとらえるシステムは、一次生産地域における大型草食獣の被害問題を解消するには非常に有効だと考える。

引用文献

Apollonio M., Anderson R., and Putman R. 2010. European ungulates and their management in the 21st century. Cambridge University Press.

梶光一・宮木正美・宇野裕之 二〇〇六 エゾシカの保全と管理 北海道大学出版会

Côté S. T., Rooney T. P., Tremblay J.- P., Dussault C., and Waller D. M. 2004. Ecological impact of deer overabundance. Annual review of ecology, evolution and systematics 35: 113–147.

Sæther B.-E., Sobraa K., Sodal K., Hjeljord O. 1992. Sluttrapport Elg-SkogSamfunn. Norwegian Institute for Nature Research, Forskningsrapport 28. (In Norwegian)

Shaller M. 2007. Forests and wildlife management in Germany- a mini review-. Eurasian journal of forest research. 10–1: 59–70.

Solberg, E. J. and Sæther B.-E. 1999. Hunter observations of moose Alces alces as a management tool. Wildlife Biology.

Solberg, E. J., Sæther B.-E., Strand O., Loison A. 1999. Dynamics of a harvested moose population in a variable environment. Journal of Animal Ecology 68: 186–204.

高橋満彦・Markus Shaller・Max Keller・佐々木史郎 二〇〇九 ドイツ・バイエルン州における狩猟

と森林管理―オーバーアマガウ営林署内の事例から　北方林業六一：一一五―一一八
ノルウェー政府自然管理局　Hunting in Norway. http://www.njff.no/portal/pls/portal/docs/1/80270.PDF
Nordic hunters' cooperation（北欧狩猟協会）2008. Nordic hunting-securing nature and wildlife for coming generations.
北海道庁ＨＰ　エゾシカ個体数指数の推移　http://www.pref.hokkaido.lg.jp/NR/rdonlyres/26EB583F-680A-45AA-A296-73752BA1D434/0/sikakotaisusisuuiiH21made.pdf
大泰司紀之・本間浩昭　一九九八　エゾシカを食卓へ―ヨーロッパに学ぶシカ類の有効活用　丸善プラネット
McShea W., Underwood H. B. and Rappole J. H. 1997. The science of overabundance. Smithonian Books.
三浦慎吾　一九九九　林業改良普及双書ＮＯ．一三二野生動物の生態と農林業被害―共生の理論を求めて（社）全国林業改良普及協会

2 日本のシカ対策――保護管理の現状と課題

(1) オオカミの再導入による生態系管理――イエローストーンのシカ管理と日本

今日、シカの過剰生息によって森林生態系は自律的に持続することが困難になっている。人間が支配する以前の日本の本来の自然においては、頂点にオオカミが君臨する食物連鎖によって絶妙な調整力が働き、草食動物の過剰生息を抑制し、バランスのとれた生態系三角形が形成されていたであろう。そのような原点に戻ろうと、今、オオカミ再導入論を唱える研究者もいる(丸山ら、二〇〇七)。それに触発され、シカ、イノシシ等の野生獣に手を焼いた自治体の中には、オオカミ導入の検討を開始したところも出てきた。大分県豊後大野市は奥に九州山地の北部に位置する祖母山、傾山など、宮崎県境の山々があり、里山を含めて野生獣の生息数と被害が多い地域で、二〇一〇年から研究者を招いて研究、検討を開始している。

それ以前では、知床が世界自然遺産になった際、イエローストーンの研究者を招いて開催した二〇〇五年のシンポジウムにおいて、生態系管理の中でオオカミ再導入の議論も行われ、「世界自然遺産 知床とイエローストーン」という本にまとめられている(デール・R・マッカローら、二〇〇六)。これに基づいて以下に若干紹介しておこう。

イエローストーンと知床

アメリカのイエローストーン国立公園では、かつてオオカミを「有害獣」として駆除し、一九二六年に絶滅させた。その後、一九六八年までは公園職員が「エルク管理プログラム」に基づき過剰なヘラジカ（エルク、ムース）を毎年捕殺し、人の手で管理を行っていた。ところが、一九六六年の「種の保存法構想」（七三年成立）と自然保護主義の台頭によって、ヘラジカの捕殺は一九六九年に中止に追い込まれ、「自然調整」に任されることとなった。種の保存法の成立はオオカミに対する見方を一八〇度転換させ、再導入論が持ち上がった。まさに大きなパラダイムシフトであり、これを契機にオオカミ再導入の検討が一九七四年に開始された。しかし、導入されるまでには二一年間もの協議の期間を要し、その間、ヘラジカの生息数は一九八〇年代末には六〇年代の四～五倍に増加し、過剰生息問題が生じた。結局、環境影響評価を行った後一九九五年に一四頭、九六年に一七頭のオオカミがカナダから再導入された。その後、オオカミの増加とともにヘラジカの個体数調整が進み、再導入は期待以上の成果をあげ、本来の生態系が見られる成功事例といわれている。自然保護面だけでなく、オオカミの狩りを見たいという人びとが増え、観光価値も高まり、地元経済にもプラスしているそうだ。もっともリスクもないわけではなく、肉食動物のコヨーテがオオカミに襲われて減少するといったことも起きている。数が増えすぎると、公園外に拡散し家畜を襲う。そのため、オオカミの管理も必要となる。

イエローストーン国立公園が位置するロッキー山脈のアイダホ州の自然保護区にも同時にオオカミが放たれた。アイダホ州、モンタナ州にまたがる広域イエローストーン生態系では今日増えたオオカミはシカの生息数を抑制し、生態系を改善する役割を果たしてきたが、その一方では牛や羊などの家畜が襲われだしたために、一定数のオオカミの捕獲が行われるようになった（NATIONAL GEOGRAPHIC日本版ホームページ）。生物多様性・森林生態系の改善をめざす自然保護サイドと周辺地域の畜産業との対立関係を解消するために、自然保護団体は基金を準備し、被害の補償に充て、政府は一定数の捕獲許可をだすことによって解決を図っている。広大な面積を持つアメリカでも、人間界が自然界との境界に深く入り込み、生じる軋轢を被害補償と「保護管理」によって解消せざるをえない状況にある。このように新たな問題として生じる被害に対して補償金を支払い捕獲も必要となるが、それでもトータルに考えればオオカミ導入は自然生態系を守るという観点から経済的で有効な措置だという。

これに対して知床はどうだろう。オオカミ導入には解決すべき課題が多く、実現は難しいとの見解が示された（亀山、二〇〇六）。それによると、オオカミの行動圏は知床半島だけにとどまらず、周辺地域に配慮する必要があり、人の営みとの軋轢が生じ、家畜被害に対して誰が補償するか、オオカミの管理体制をどうするか、近隣や一般の人びとの合意形成が得られるか、そして、オオカミ再導入に関わる法整備も必要であろう、とするものである。そして、導入されるオオカミの「遺伝的・生態的検証、保護管理体制の構築と予算の確保、被害補償制度、一般市民への教育、法的体制の整備などがオオカミ再導入のために必要とされる」と述べられている。

日本の自然林とオオカミ導入の可能性

生態系を本来の姿に戻せるならば、環境が許すかぎりそれは望ましいことであろう。だが、日本の場合はアメリカに比べてより慎重に検討する必要がある。狭い国土に多くの人びとが暮らしているため、

国有林保護林 78.1万ha	森林生態系保護地域	29カ所　49.5万ha
	森林生物遺伝資源保存林	12カ所　3.5万ha
	林木遺伝資源保存林	325カ所　0.9万ha
緑の回廊 50.9万ha	植物群落保護林	368カ所　18.2万ha
	特定動物生息地保護林	38カ所　2.2万ha
	特定地理、郷土の森	69カ所　3.9万ha
自然公園法	特別保護地区	24万（20万）ha
	第一種特別地域	39万（31万）ha
	第二種特別地域	94万（35万）ha
自然環境保全法	原生・特別地域	3万（3万）ha
	都道府県特別地域	2万（2万）ha
世界自然遺産	屋久島・白神・知床	8万（8万）ha

注）資料の出所は林野庁、環境省。（　）の数字は国有林面積である。

表3-2-1　主要制度によって保護されている日本の森林

人間界が自然界により深く入り込み、残されている自然林帯も規模が著しく小さいからだ。同じ世界自然遺産であっても四国の半分ほどの面積を持つイエローストーン国立公園（八六万ヘクタール）に比べて知床は二四分の一にすぎない。さらに広域イエローストーン生態系とは比べものにならない。日本全国に点在している自然公園の保護地域（特別保護地区と第一種特別地域）と自然環境保全地域の面積をあわせるとイエローストーン国立公園の面積とようやく同じくらいになる。それは、ほとんどが国有林の保護林と重複して指定されている（表3-2-1）。開発に許可が必要な自然公園法の第二種特別地域を加えても、保護林は全部で一五〇万ヘクタール程度であり、各地に分散しており、北海道と東北山地で保護林の過半を占める。しかも、約二〇万ヘクタールを占める東北山地では今のところシカ問題はない。

これらの保護林を除く自然林の多くは、かつて、木材資源としての伐採やリゾートのために開発が行われてきた。森林としては、人工林になったところや放置されて天然生二次林になっているところもある。第一章で述べたように、今日では、一部の地域を除いて、山村・林業は衰退の一途をたどり、多くの人びとは山での生活をあきらめている。後継者がいないまま険しい奥地集落は崩壊に向かい、無住地帯も増えつつある。そういう観点からは、自然界と人間界の境が少しずつ山奥から下界に下りてきていることも事実である。もう一つは、平均年齢が七〇歳に近いハンターのさらなる高齢化とリタイアで、増え続けるシカ、イノシシなど野生獣を人の手では制御不能になる時期が近づいていることである。このような事態の進行は、オオカミ導入論に有利に働くようになり、やがて、否応なく検討が必要になろう。けれども知床で指摘されているような課題の解決も容易なことではない。被害を補償できる巨大な資金力と影響力を持つ自然保護団体があるアメリカにおいても実現までに二一年の歳月を要しており、自然界が狭く人との軋轢がより多く生じると思われる日本では、それ以上に時間を要する可能性がある。アメリカと少し事情が異なるのは、日本ではシカ、イノシシの被害を受けているのは自然林のほか一般的には地元の農家が圧倒的に多いことから、導入の効果とリスクを天秤にかけて効果が相当に上回る場合には、地方自治体や営農団体の合意は得られやすいかもしれないことである。それでも、まだクリアすべき問題も多くあろう。

本節冒頭でふれた豊後大野市では、オオカミの行動圏からいって、おそらく市域だけでなく九州山地全体の広がりの中で、合意形成や仕組みづくりが必要となると思われる。オオカミの再導入のメリットは大きいとしても諸々の課題克服までの道のりは険しいものがあるかもしれない。それ故、当面は人の手によるシカ対策が必要であり、実態と管理の有り様について以下検討しておこう。

（2）日本のシカ対策の現状と課題――保護から「管理」の時代へ

「保護管理計画」と山積する課題

一九九〇年代を境に、増えすぎたシカによる食害を軽減するために、それ以前のシカ保護政策から、シカの捕獲・管理へと大きく転換が図られた。まず、一九九四年に特例措置として「保護管理計画」策定県を対象として生息頭数を減らすためにメスジカの捕獲解禁が認められるようになり、北海道、岩手県、兵庫県、長崎県において実施された。さらに本格的には一九九九年の「鳥獣法」の改正により「特定鳥獣保護管理計画」制度が設けられ、以降今日にかけて東北など一部を除いて、大半の県で「保護管理計画」が策定されている。シカの捕食者がいない今日では、過剰生息の歯止めをかけるためには人の手・行政による「管理」が必然になったからである。基本的には、シカと人間（農林業）、シカと自然（森林生態系等）が健全に共存できる水準にまで生息数を減らそうとするものだ。「管理」の前に「保護」と付いているのは、シカの個体群を適正なレベルで維持するための環境整備を意図している。

一部大台ヶ原や知床半島のように、特別な保護地域で自然生態系保全のためだけの保護管理計画が立てられることはあるが、一般的には県単位で農林業被害を防ぐことを主目的としている。近年に至って問題となってきた自然生態系保全のための計画が付加されてきた。中心的手法はシカの頭数管理であり、捕獲のための数値目標が立てられている。生息数を半減させる目標とするところと、生息密度を「共存できる」と思われるレベルに落とす目標が一般的である。後者では、農林業地域においては平方キロメートル当たり一～三頭、自然林等保護優先地域で五頭が多くの地域の目標値となっている（宇野ら、二〇〇七）。

ところが、管理にあたって前提となるのは、正確な生息数の推定とその後のモニタリングである。糞粒法などで行われる生息数の推定は、プロット数が十分でないこともあって、必ずしも正確でない場合が多い。たとえば、兵庫県の第三期シカ保護管理計画（二〇〇七）によると、シカ生息数は四万四〇〇〇〜七万二〇〇〇頭と推定されているが、二〇〇四年からは推定平均生息数の二五パーセントにあたる一万五〇〇〇頭、二〇〇七年度には一万六〇〇〇頭（〇九年度二万頭余）も捕獲しているのに、シカの生息密度はいっこうに減らないことから再評価され、最新のデータでは兵庫県の生息推定値の平均は実に一四万頭に達しており、年間三万頭捕獲しないと減らないと報告された（兵庫県森林動物研究センター、二〇一〇）。

長野県も第一期に対して第二期の生息数は二倍近い数字になっているように、大幅増を示している県が多く見られる。適正規模に減らす目標を立てて、捕獲数を計算しているにもかかわらず、増加しているのは生息推定値が過小評価であったか、実際の捕獲数が少なすぎたか、捕獲のあり方に問題があったか、であろう。高知県のケースでは、少なくとも後の二者がからんでいると思われる。二〇〇五年度の第一期保護管理計画で初めて狩猟において一日一頭の制限つきでメスジカの捕獲を認めたが、メスジカの全面解禁は〇八年度からの第二期保護管理計画からになる。また、保護管理計画での捕獲目標数も一期は生息数の一五パーセント以下、自然増加数といわれる一五〜二〇パーセントを下回っていた。実際の捕獲数は図3‐2‐1に示す通りで、第一期（〇五〜〇七年）の目標値三六〇〇頭を平均で下回り、メスも少なかった。

第二期計画の当初（二〇〇八年〜）、捕獲数をそれまでの倍増の六四〇〇頭を目標とし、メスジカの無制限捕獲を認め、猟期の延長も図った。この捕獲数でも推定生息数四万七〇〇〇頭の一五パーセントで、生息数の増加を止めるレベルではなかった。捕獲推進のための予算措置も不十分であった。そうした中、農林業被害に加えて三嶺など自然林地帯での被害の深刻さが表面化したことを受けて、県は二〇〇八年の七月議会で大幅増の補正予算を組み、「シカ被害特別対策事業」によって、「保護管理計画」の捕獲数レベルを大幅に上回る一万五六〇〇頭（〇八年度は一万八〇〇〇頭）に増やし、自然林地帯を含めてシカ個体数調整事業によって三年間で一気に減らす目標を立てた。その結果、図3-2-1に示すように、二〇〇八年度から捕獲数は急増した。それでも〇九年の数字に見られるように目標値の七割にとどまっている。

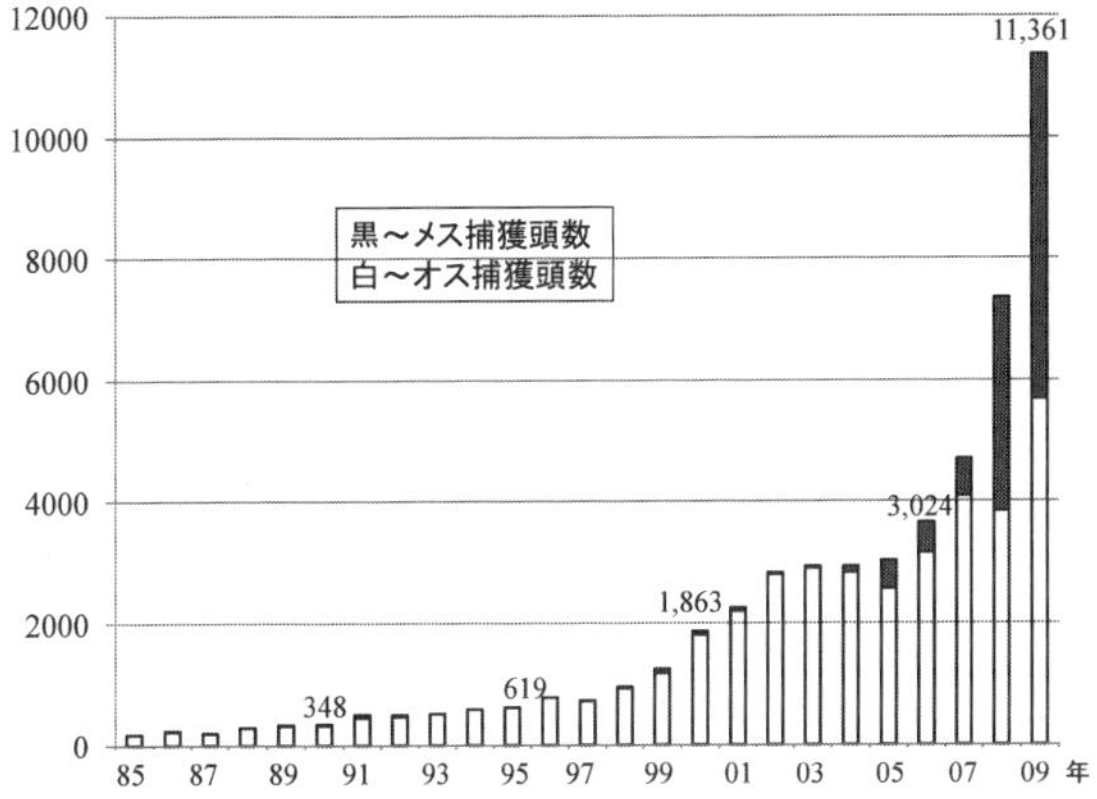

図3-2-1　高知県におけるシカ捕獲数の推移

　有害捕獲、保護区での管理捕獲、個体数調整事業は市町村と猟師グループに任されるために、その体制が整っているかどうかが、成否を分ける。現実に実施の中心となるのは市町村役場と猟友会・猟師だが、純粋な狩猟を除く捕獲では役場組織の中でごく少人数の担当者の意欲と猟師グループ間の調整力に委ねられている。現場には捕獲報奨金のアップだけでは解決できない課題も少なくない。また、猟師の減少も問題になっているが、もともと、猟師ないしはハンターといわれる人びとの大半は趣味でキジなどの鳥やウサギを撃っていた人たちである。シカ保護の時代にあってはイノシシ猟をする個人やグループが全体の一〜二割程度いたにすぎない。高知県では過去半世紀以上にわたりシカ猟師はいなかったといってよい。一九九〇年代から二〇〇〇年代に入って、イノシシ猟師に加えてかつての鳥打ちハンターがシカ猟に参入した。そして有害駆除が始まって集落をベースにしたグループが形成された。時が経つと、希ではあるがグループ間のなわばり意識も顔を出し調整不能に陥ることもあると聞く。そうした問題に加えて、ハンターの高齢化が進んでいることも現場管理の今後の大きな課題となっている。

自然林保護区での「シカ保護管理」の現状と課題

本書が対象としてきた自然林の多くは、自然公園や国有林の保護林、そして鳥獣保護区である。保護のための管理が優先し、狩猟が禁止されていたところがほとんどを占める。今日では、生態系全体のバランスを再生ためのシカの頭数管理が求められる段階になっているが、一番の課題はどのような仕組みで実施するかということだ。農林業地域では地元の狩猟者のグループが形成されて、狩猟期以外の時期でも有害捕獲や頭数調整のための捕獲（最近では地域間連携による捕獲）が実施されるようになった。

これに対して、高山や国立公園などでは、これまで狩猟を排除してきたところが多いだけに新たな仕組みを作ることは容易なことではない。また、場所によっては高山・亜高山など、立地的に実施が困難な場所も少なくない。いうまでもなく保護区という性格上、行政がより強く仕組みを作る必要に迫られる。国立公園や国指定鳥獣保護区の場合は、環境省が保護管理の仕組みを作り、国定公園では県が管理にあたる。国有林の保護林（緑の回廊）では林野庁も何らかの対応を迫られる。

さらにこれらの自然保護区では、頭数調整を実施するにあたって、より厳密な科学的管理が求められる。そこでは、シカが森林生態系の一員として他の自然に破壊的影響を与えない範囲で、持続的に生息できるよう個体群を維持することが一層求められるからである。シカの生息状況、食性や行動等の生態調査を行い、頭数調整を実施した場合の将来予測と継続的観察（モニタリング）が欠かせない。それと同時に、シカの生息環境の改善も求められる。周辺部の開発や拡大造林によって生息環境が著しく狭められた中で、残された自然林地帯だけでは生息数は限界があり、人工林等の周辺環境を餌場としてある程度機能するように整備することも課題となっている。

もう一つの課題は、地域が主体となる社会的仕組みを作ることである。行政（国・県・地方自治体）や研究者だけでなく自然保護団体、登山者組織、市民や住民、ハンターなどが一体となって知恵を出し合い協力し合っていく仕組みを作ることが望ましい。第一に山野草やツツジなどの愛好者や自然保護団体はどこに何が生育しているかをよく知っており、彩りを豊かにする花々など希少植物種の保護のために防鹿柵を設置する際、研究者だけでなくそうした人びとの参加が役立つ。景観保全においても同じである。第二に流域自治体や住民、農民、漁民にとっては、土砂災害や濁水被害を防ぐことも課題であり、そのために土砂流出、崩壊等危険箇所を把握して対策の優先順位を科学的調査と関係者の経験によって決めていくことが必要となる。第三に、生態系管理において必要となる個体数調整事業では、たとえば、三嶺山系の場合、主稜線は高知県と徳島県の県境にあり、県境を行き来するシカの捕獲にあたっても連携が欠かせない。地元ハンターが減少し高齢化をたどる中で、ハンターの再編と組織化、新たな仕組みづくりも課題となっている。

以下では、自然林地帯での保護管理の実態について、国立公園の動向を概観し、剣山・三嶺山系の参考となる丹沢のシカ対策についてふれ、最後に剣山・三嶺地域の現状とあり方を述べる。

知床等国立公園でのシカの保護管理の動向

まず、特別な地域での環境省による保護管理計画の事例を見ておこう。国立公園は全国に二六カ所あるが、環境省によるとそのうちの一九カ所においてシカによる生態系への何らかの悪影響が報告されている。本書Ⅰの地図(図1-11)において示したように、知床、阿寒、日光・尾瀬、南アルプス、吉野熊野など各地で問題になっており、それぞれの地域でシカ対策がとられている。シカ対策としては、緊急避難的に希少種や優れた自然景観を守るために大小様々な防鹿柵を設置し、樹木を守るために単木ネット巻きが行われてきた。大規模な事例では、奥日光の戦場ヶ原の湿原植生を守るために、環境省は二〇〇一年に周辺の樹林を一周する防鹿柵(柵内面積約九〇〇ヘクタール)を設置し、増設を含めて現在一六・三キロメートルにもなっている。これらの防御的対策から、近年では保護区における個体数調整・管理捕獲が大台ヶ原、知床岬、尾瀬、霧島・屋久島など各地で実施されるようになった。国定公園・鳥獣保護区でも、丹沢や剣山系などで実施されている。

まず、知床半島では、世界自然遺産登録に際してシカの保護管理の必要性が指摘され、調査研究に基づく明確な理念と管理のための指標や水準を開発し、管理計画に組み込むことが求められた。その結果、策定された「知床半島エゾシカ保護管理計画」（環境省、二〇〇六）においてシカの個体数調整事業の実施の方針が固められた。二〇〇七年から半島の先端部である知床岬地区で管理捕獲と植生回復の検証を行う「密度操作実験」を実施することとなり、二〇〇九年度にかけての三年間でメス成獣四五〇頭の捕獲を目標とした。三年間の実績は四一二頭（うちメス二四九頭）であった。メス成獣の捕獲数は目標の半分にとどまったが、知床財団によるとシカの数は半減し密度が下がったことによりイネ科草本やササの草丈が伸びてきたという植生面での効果があらわれているそうだ。なお、知床岬での管理捕獲は、環境省が競争入札にかけ、落札した知床財団が実施している。知床財団には銃猟免許を持っている職員が多数おり、地元の斜里町、羅臼町の猟友会のハンターの出役とあわせて、一五～二〇人によって銃猟で行われた。岬地区での捕獲は二〇一〇年以降も続けられ、それに岬と知床五湖の中間に位置するルサ地区でも実施されることとなっている。このように、知床半島では岬地区を中心に管理捕獲を実施し、モニタリングによって生態系の改善状況の把握を行い始めた段階にある。

次に、奈良県の大台ヶ原での対策についてふれる。大台ヶ原には二〇〇六年に訪ねたが、正木峠周辺は樹林の墓場と化していた（図3-2-2）。歴史的には伊勢湾台風の風害から始まり、乾燥化とともに林床のコケが退行し、やがてミヤコザサの勢力拡大によってシカの生息密度が高まった。その結果、樹皮食いによって多くのトウヒやウラジロモミが枯れた。シカ説には異論が唱えられているが、私たち三嶺の森の最近の四、五年の実態、すなわち短期間に樹皮食いによってウラジロモミ群落が枯れ、犠牲になっている様を目の当たりにしていると、大台ヶ原で起きたことがシカ食害によるものとする調査結果には同意できる。大台ヶ原では、一九八六年から「大台ヶ原地区トウヒ林保全対策検討会」が設けら

図3-2-2　大台ヶ原正木峠付近の状況

れ、シカ食害対策と植生復元対策が開始された。そして環境省は二〇〇〇年に「大台ヶ原ニホンジカ保護管理検討会」を設置し、〇一年に「大台ヶ原ニホンジカ保護管理計画」を樹立。そして〇三年からより大規模な「自然再生事業」を開始した。

再生事業の目標は一九五〇年代後半ごろの森林に再生するとし、①森林生態系保全再生のための実証実験、②ニホンジカ保護管理、③マイカー規制など利用のあり方、の三つの部会で取り組みが行われている。そのうち、本節のテーマであるシカの保護管理計画では当時の平方キロメートル当たりのシカ生息密度二七・七頭を一〇頭に減らす計画を立て、毎年四五頭の捕獲計画とした。二〇〇二年度から〇八年度にかけ計二五〇頭を捕獲している。捕獲にもかかわらず、一時生息密度は三七～四八頭に増加していた。〇八年度に二〇頭程度に減少したが、〇九年度には若干増加した。大台ヶ原の管理が難しいのは季節的に大杉谷など周囲からシカの行き来があることで、周辺との連携・協力が欠かせないことであろう。なお、個体数調整事業の実施は落札業者が行っており、当初は麻酔銃によるものと大型のワナ（アルパインキャプチャー）が主流であったが、現在はそれに加えて冬季のドライブウエイ閉鎖期には地元猟友会に頼んで銃猟とくくりワナ捕獲も行われている。なお、捕獲のほか防鹿柵設置、ネット巻き、モニタリング調査費など、シカ対策費として〇九年度は約八〇〇〇万円が投じられている。

（3）丹沢のシカ対策と剣山・三嶺山系の対策のあり方

丹沢のシカ対策と「統合再生プロジェクト」

丹沢の自然の再生にとって鍵を握るのはシカ対策である。一般的な防鹿柵設置やネット巻きのほかに、植生回復のための管理捕獲と土壌流出防止対策が行われている。そして、それらに加えて、シカの生息環境の整備のための人工林整備（間伐）や渓畔林整備なども含め各種対策を集中・連携させた「統合再生プロジェクト」として事業を実施しているところに特徴がある。

まず、第一に防鹿柵は植生の保護再生に効果的で、とくに絶滅危惧種の保護のために欠かせない。丹沢ではシカの採食によって激減した希少植物は一九種あるといわれ、そのうち、クルマユリやクガイソウなど一五種が保護柵内で出現している（神奈川県自然環境保全センター資料）。その他、柵内ではスズタケや後継樹も育っている。ただし、柵内だけだと希少種は個体数が少なく遺伝的劣化が心配されている。

第二に土壌流出対策は、堂平地区で試験研究が行われており、これまでの結果では、林床植生に覆われている植生被度が大のプロットでは腐葉土が溜まり、土壌侵食はほとんどなかったのに対して、被度が中から小になるに従って腐葉土は溜まらず、逆に土壌侵食・流出は大きくなる。調査結果では、二〇

図3-2-3　保護柵外では表土が流出し根がむき出しになっている

〇五年度は年間一センチの土壌侵食（流出）が起きている。これは一ヘクタール当たりにすると一〇〇立方メートル（約一〇〇トン）に相当する。森全体に当てはめると大変な土壌流出量になり、保水力の低下や下流への土砂流出によって谷・川、ダム等への影響は大きい。それればかりでなく、根がむき出しになり、乾燥化が進むことによって森林の衰退にもつながる（図3-2-3）。

第三に、シカ保護管理については、第二次計画（二〇〇七～一二年度）において、丹沢山地の生息推定数約四一〇〇頭を一五〇〇頭を下回らないように捕獲計画を立てることとなっている。丹沢山地をその重要度に応じゾーニング手法を用い、国定公園特別保護地区（自然植生回復地域）、国定公園及び県立公園特別地域（生息環境管理地域）、そして上記以外の地域（被害防除対策地域）に分け、一〇年計画で目標を定めて、モニタリングを行いながら実施に移している。このうち、保護区での植生回復目的の管理捕獲では、第一次計画期（二〇〇三～〇六年度）は年一〇〇頭、〇七年度からの第二次計画期では年三五〇頭を捕獲目標頭数としている。第二次の捕獲計画に対しては、ほぼ目標通りの実績をあげている。それによって、堂平のある中津川ユニットでは、実施前の一平方キロメートル当たり三〇～四〇頭の生息数が二〇〇九年には二〇頭前後にまで減少し、少しずつ植生の回復が見られる（神奈川県自然環境保全センター）。

保護区での管理捕獲の仕組みは、県自然環境保全センターが実施主体となり、神奈川県下の各猟友会支部から推薦登録をしてもらった約二三〇人（神奈川県のハンター数は約二〇〇〇人で、ほとんどが趣味目的）の中から出役日ごとの捕獲従事者を決める形をとっている。一定の日当が支払われるが、狩猟者はどちらかというとボランティアとしての性格が強い。

最後に、統合再生プロジェクトでは共生・共存の理念のもとに高標高地のブナ林等におけるシカの生息密度を下げ、中腹部の人工林の整備と管理捕獲により林床植生を増やして、適正頭数のシカの生息環境を整えようとするものだ。つまり、植林木が成長した人工林地帯でのシカの餌場を増やすことによって、生息密度を下げながらも広く薄く生息できるようにして、自然林の植生とシカの生息、そして自然環境、水環境がバランスがとれた形で、統合的に管理しようとするものである。この考え方は、都市型で多様な価値観を持つ県民が多く住む神奈川県が置かれている立場からすれば、必然であろう。高標高地の保護林という中核部（コア）の森林生態系の再生のためには、緩衝地帯（バッファーゾーン）である中腹部の人工林も含めて生態系（下層植生を増やし、広葉樹導入による混交林の多様性）を再生し、一定の密度にシカの数を保つべく頭数調整（管理捕獲）を県主体と協働の下に実行していこうとするシステムは一つのあるべき方向性を示唆している。

剣山・三嶺山系でのシカ対策の現状

これまで見てきた国立公園の知床や大台ヶ原では環境省が主体となって、行政主導の協議会を組織しつつそれなりの資金が投じられて対策が講じられてきた。また、神奈川県においては、県自然環境保全

年度	徳島県	高知県	林野庁（局・署）	環境省
2006	調査（希少種被害）			
07	保護柵設置（調査）	保護柵資材	調査（被害・生息）	調査（被害）
08	調査	希少種柵、捕獲（県直営）	調査、柵資材	調査（被害・生息）
09	調査（捕獲試験）	捕獲（香美市）	調査、柵資材・設置	調査、捕獲
10	調査、三嶺頂上柵	捕獲（香美市）	調査、柵資材・設置	調査、捕獲

表3−2−2　剣山・三嶺山系保護区における行政の主要対策

センターを中核として、自然保護団体とも協働しつつ調査・研究と頭数調整を実施し、統合再生プロジェクトを推進しつつある。

国定公園の剣山・三嶺山系はどうであろうか。Ⅱでも述べているが、ここで、行政の対策を少しまとめておこう。表3−2−2は、対策の概略を示したものである。最初に対策を始めたのは徳島県である。剣山のシンボルの一つであるキレンゲショウマなどの希少種のお花畑が大きな被害を受けたことから、二〇〇六年に協議会の設置と調査を行い、〇七年にお花畑に保護柵の設置を行った。それと同時に、お花畑沿いに調査プロットを設置し、県職員がモニタリング活動を実施している。ただし、実施箇所は限定的なものであった。

二〇〇七年度になってようやく、林野庁、環境省が調査を開始し、みんなの会の要請のもと高知県は希少種保護のための資材を購入した。〇八年に、その資材を使ってみんなの会ボランティアがホットスポットに保護柵を設置した。四国森林管理局も保護柵とネット巻き資材を準備し、高知県側はすべてみんなの会がカヤハゲ・韮生越のササ原等に保護柵等を設置している。また、高知県は二〇〇八年の補正予算で保護区での管理捕獲を県直営で開始。〇九年からは香美市が実施主体となって管理捕獲に当たっている。環境省も国指定剣山系鳥獣保護区の徳島県側において管理捕獲を開始した。いずれも数十頭止まりで頭数調整面では十分なものではない。また、徳島県も二〇一〇年に再び協議会を発足させ、捕獲体制の検討に入った。地域の連携そして徳島・高知の連携をどう進めるかが課題となっている。

県は希少種保護、林野庁は緑の回廊の保全、環境省は国指定鳥獣保護区の保全の視点から、それぞれバラバラに調査を開始したが、共通認識を深めるため、みんなの会の提案でそれぞれの調査とみんなの会の自主調査を持ち寄って〇八年から毎年「公開報告会」を開催し、対策に活かすべく情報の共有化を進め、シンポジウムの開催とあわせて、行政との連携が強まってきた。二〇一〇年からは徳島との連携も強めている。

しかし、剣山・三嶺山系では、先に見た国立公園や丹沢のように、主導する行政がなく、予算も微々たるものである。〇七年で全部合計しても一〇〇〇万円程度、〇九年では林野庁、環境省の事業増があっても二五〇〇万円程度にすぎない。これは、丹沢のシカ対策約二億円、大台ヶ原の八〇〇〇万円、限られた地区での試験段階の知床の四〇〇〇万円と比べて大幅に少ないばかりでなく、拠点施設（神奈川県自然環境保全センター等）や研究員等のマンパワー面でも著しく劣る。対象地が高原や平原状の大台ヶ原や知床に比べると、丹沢、剣山・三嶺のような山岳急峻地では土砂対策も加わってより多くの経費が必要となる。丹沢は十分な予算と体制が整えられているが、剣山・三嶺はいずれも不十分である。行政の欠落部分をみんなの会の研究者集団（高知大グループ等）がボランティアで補っている状況にある。調査・研究面ではかなり補うことができるが、現場作業には限界があり、また頭数管理は行政の仕事である。本来ならば、これらを総合的に実施できる公的機関の設置が望まれる。

剣山・三嶺山系における協働型シカ対策のあり方

徳島県が力を入れる観光の山、剣山は県有林や市有林もあることから県主導の協議会方式で対策が行われてきた。しかし前述したように県境の三嶺山域では、主導する行政がなく、それぞれバラバラの対応がなされてきた。そんな中でみんなの会は一定のオピニオンリーダーとしての機能を果たしているといえよう。

図3‐2‐4は、剣山・三嶺山系全体の協議会設置と望ましい仕組み（構想）を示したもので、その中でみんなの会が果たしている、ないしは果たすべき役割を位置づけたものである。行うべき三つの事業系列のうち、みんなの会は調査・モニタリング・保護柵設置等に積極的に関わり、行政とともに実施している。第二の土砂流出、崩壊対策については、行政はほとんど手をつけていない状況にある。これに対して、みんなの会は食害で裸地化したところを植生で補う方法を検討しつつ（本書Ⅱの4節）、対策を行政に働きかけている。第三のシカの頭数調整、管理捕獲については行政の仕事であるが、森林生態系・自然を守るための抜本対策であることから、みんなの会としてはシンポジウム等で実施の必要性を一般に訴え、生息密度が適正規模になるよう、科学的管理の実施に向けて行政に要請を行っている。この他、図の下部楕円の中に、自然保護上大事なコアゾーンと周辺部の人工林を含めたバッファゾーンを整備してシカの生息環境を整え、シカが薄く広く分散して棲めるような保護と管理を実施することも必

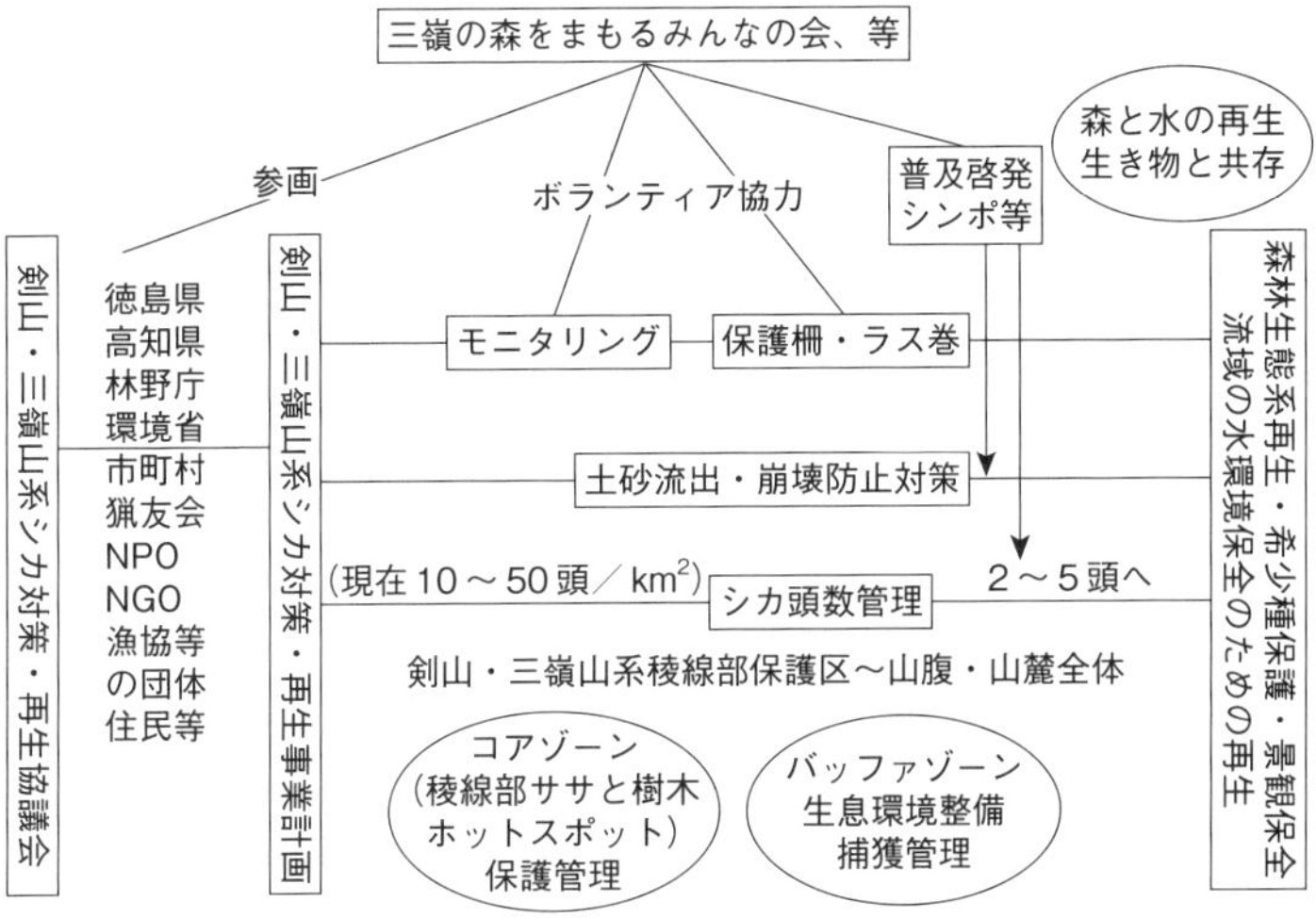

図3-2-4　剣山・三嶺山系における望ましい仕組み（構想）

要となる。これは、丹沢の統合再生プロジェクトの中の一つの手法であり、シカとの共存という視点からは大事なことである。

ところで、保護区での管理捕獲は二〇〇八年度から高知県が、〇九年度からは環境省が徳島県側で実施を始めたが、捕獲数は両県あわせても〇九年度では一〇〇頭未満（二〇一〇年度は二三〇頭目標）にすぎない。管理捕獲の実効をあげるためには、高知・徳島の連携が欠かせない。高知県側で保護区の稜線部まで実施しても、シカの半分以上は稜線を越えて徳島県側に逃げ込むといわれ、両方から同時に実施することが、捕獲効率をあげることにつながるからである。現実には香美市の担当者が徳島県側に出向いて共同捕獲を持ちかけているが、実現にいたっていない。徳島県側の地元の体制が整っていなかったからである。

高知県側の保護区の管理捕獲を実施しているエリアでは、自然林内のササも少しずつ再生しており、その効果が見られている。管理捕獲の効果は大きいだけに、県境を越えて共同・連携できる体制づくりが望まれる。なお、高知県側では香美市に約八〇名の猟師がいるが、徳島県側の地元は少なく、丹沢のように広域での猟師体制の確立も必要となろう。また、シカは高標高域から、中腹、そして山麓、里地と移動する可能性（今のところ剣山で一頭確認）もあることから、山系全体の捕獲・連携も必要となろう。猟期には地元だけでなく広く県下からハンターを募って、両県同時の一斉捕獲も有効となろう。管理捕獲のための共同の仕組みづくりが今、重要になっている。

市民参加・協働型の仕組づくり

知床、大台ヶ原、丹沢など特別な地域では自然を守るための管理組織があり、それなりの資金が投じられるが、貴重な自然林地帯であっても格下や一般のところではそうはいかない。自然を守るための国や県の行政力や財政力は弱まってきたばかりでなく、関わりが深い山村地域の住民力も著しく衰退しているからである。これは、剣山・三嶺地域に限ったことではなく、どこでも起こっていることかもしれない。私たちは、今後財政危機が一層深まり、山村崩壊が予想される中で、行政や山村の人びとに管理を任せるだけの姿勢でよいのだろうか。否である。今ほど市民参加による協働型の自然を守る仕組みづくりが重要になっている時代はない。

みんなの会は、構成団体である三嶺を守る会や流域の組織が自主的に立ち上げてできたネットワークである。行政に任しておいたら間に合わない、大切な自然を守る活動を自らの問題としてとらえ、みんなの力を結集し、やれることから始めて、市民・住民の方々に問題を啓発していこう、研究者と一緒になって調査研究も進め、行政と共通認識を深めつつ、あるべき対策を共に進めていこう、という考え方に立っている。最近、先発地である丹沢を訪ねた時、自然保護団体がオピニオンリーダーになりながら県と協働で科学的管理対策を進めている姿を見た時、協働型の自然を守る仕組みづくりの大切さを再認識したものである。

みんなの会の自然保護グループや流域の住民組織はもちろん、六名が参加している研究者グループも手弁当のボランティア参加で、少しでも自然を守りたいというモチベーションに支えられている。一般に、市民・住民組織がこのような問題に遭遇し、運動を起こす時、地域の大学や研究者にも相談し、理念に加えて裏打ちする科学性を備えることも、今日の協働型運動にとって大切なことと思う。

3 展望、どこまで自然を守れるか？

いま、自然を守ることとは

最後に、自然との共存・共生という考え方のもとに、シカも大切な自然、捕獲しないで自然の調整に任せておいたら良い、という考え方も根強い。だが、自然の調整に任せられるのは生態系のバランスがとれている時。今は、そうではない。三嶺のシカ食害前の自然の状況と食害が進んだ現在を比べると、「嘆かわしいほど変」な状況に置かれている。とくに、春先の深刻な現場を見ると一目瞭然。放って置いたらその状況から容易に脱することはできず、とくに急傾斜地ではさらに悪化の一途をたどり、再生不能に陥りかねない。今は、自然との共生、シカとの共存のためには人の手による管理が必要不可欠な時代になっている。

かつての天然林開発の時代の「自然を守ること」とは、比較的単純であった。乱伐・乱開発の中、「残された貴重な自然・原生林を次世代に引き継ごう！」という自然保護団体が掲げたフレーズに集約されよう。それは、登山以外の人間の利用を禁止して原生林のまま保存していこう、場合によっては立ち入り禁止区域を設けようとするものである。今、私たちはシカ問題に取り組む中、キャッチフレーズは同じであるとしても乱開発の時代の単純な構図と違って、「自然を守ることとはどういうことか」、「自然とは何か」という素朴な疑問にも直面する。保護林・保護区として保存されてきた自然が各所で、

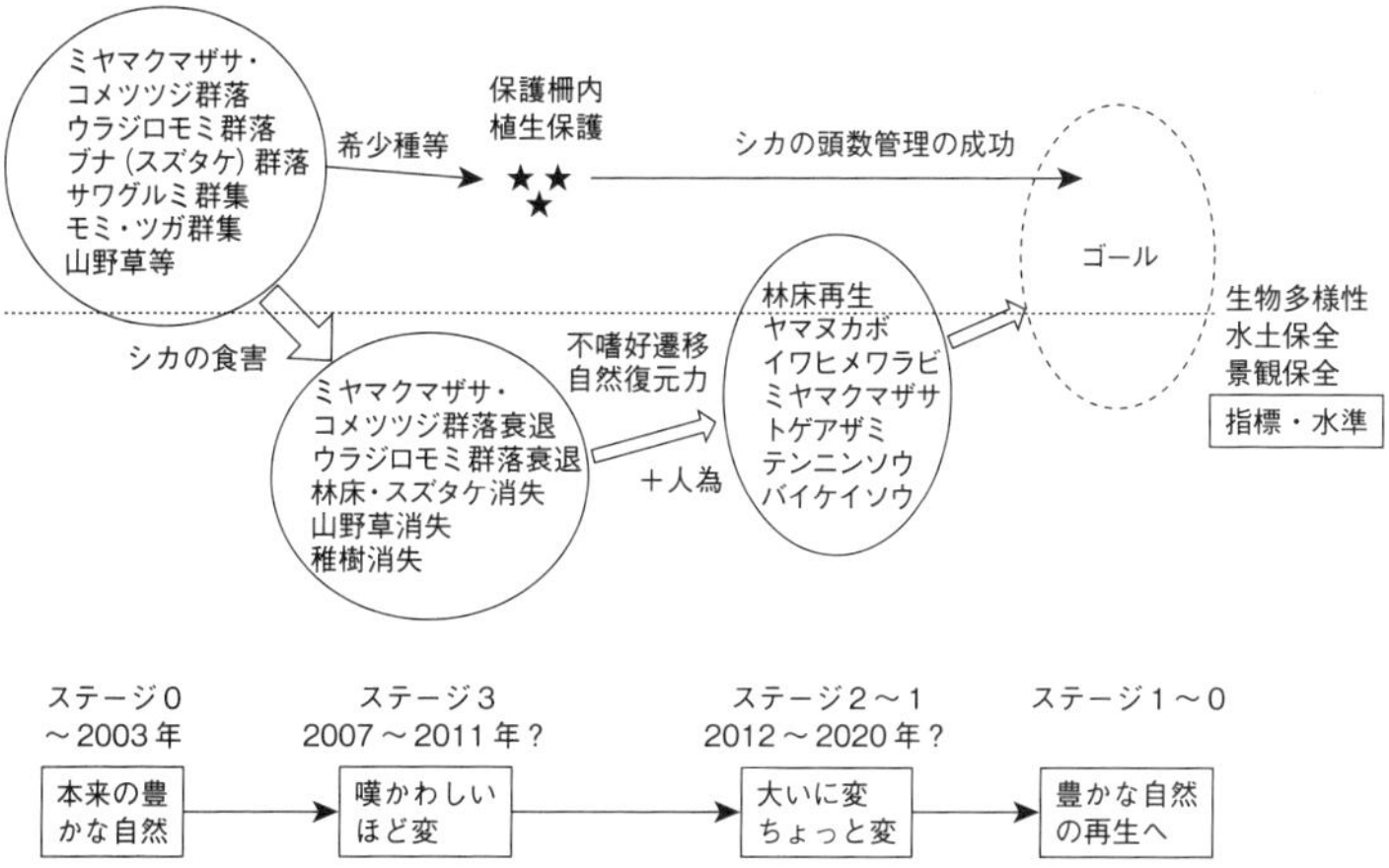

図3−3−1　三嶺におけるシカ食害後の自然の変遷予測と再生目標

いろんな局面で崩れているからである。

新たな段階に対応して、自然を守ることの内実を指標で表すことが有効であると思う。それは、これまでに述べてきたように、シカの食害によってもたらされた問題と裏腹のものとなる。すなわち、第一に生態系・生物多様性の保全、第二に水土保全、そして第三に景観保全が指標として挙げられる。

三嶺山系の自然でみると、本来の自然は、いろいろな群落、あるいは群集と呼ばれる混交林とスズタケや山野草からなる林床植生から成り立っていた。高標高地のミヤマクマザサ・コメツツジ群落、ウラジロモミ群落、その下のブナ・スズタケ群落、中腹部さおりが原のサワグルミ群集（トチノキ、ケヤキ、ミズキ、アサガラ等の上層木、スズタケ、山野草等の林床植生の集合体）やモミ・ツガ群落など、林床植物を含めて生物多様性豊かな森であった。この状態の時には、生物多様性ばかりでなく、水土保全も景観面も同時に高い水準で保たれていた。図3−3−1の左端のステージ0に相当するものである。図に破線が引かれているが、これはすべての指標の水準を満たすラインである。水土保全と景観保全のラインはもう少し下に引かれよう。基本的問題である生物多様性水準が最も高く、この地域では次いで水土保全、景観保全の順になろう。急峻地からの土砂流出リスクが高く、川の生態系破壊や里の水問題にもつながっているからである。景観面では、山容の眺望・風景がすばらしいこともあって、食害による植物の傷みはある程度相殺される。なお、指標・水準の位置づけは、地域の資源内容や立地・地形条件によって異なる。

今、三嶺の森は急激な群落の衰退やスズタケを初めとする林床植物の消滅によってステージ3の段階にある。図3-3-1のステージの数字は悪化の度合いを示し、3が「嘆かわしいほど変」、2が「大いに変」、1が「ちょっと変」、0が「本来の健全な自然」とする。

ステージ3や2の状況のもとで、いま自然を守ることというのは、自然のまま保存・放置することではない。1未満～0に近づけられるよう、人の手を掛けて一定水準以上に自然を再生することである。本来のステージ0に再生することが基準になるが、それは、きわめて時間が掛かり、困難なことでもある。そこで、1未満で0に近い水準まで豊かな自然を復元することが当面の目標となろう。

自然の復元力と人びとの助け

三嶺山系の稜線部の変化を見ていると、いったん壊れた自然が、前とは違う形で自らの傷を癒そうとする。そのスピードも場所によっては意外と速い。多様性は少し失われるものの「大いに変」から「ちょっと変」にまでなっている場所もある。このような変化は先発被害地において、顕著に進行しているところが少なくない。丹沢の下堂平では林床が一面テンニンソウで覆い尽くされており、生物多様性面では水準を満たしていないが、緑という景観面と水土保全面では再生水準に達しているといえよう。剣山でもお花畑地区においてテンニンソウ、カニコウモリ、シコクブシへの偏向遷移が進んでいる。三嶺山系の現状では、ササ原の分析にあったように一部にヤマヌカボやイワヒメワラビが繁茂しつつあり、シカがもたらした偏向遷移が見られだしている。それは、自然の復元力によってステージ3からステージ2への移行が始まっているとみることができる。本書Ⅱの4節で分析されているように、裸地化したササ原の緑の再生方法として生命力のきわめて強いヤマヌカボの種子を播くこと、そして、衰退しつつあるササ原では、枯れかけの古い稈を刈り取ると地際から新芽がたくさん出て蘇るなど、人の手で再生を早める可能性が示唆されている。そうすることによって、ステージ2～1は自然の復元力だけに任すよりも早く、かつ望ましい形で訪れよう。

だが、それは日当たりの良い稜線部に限ったことで、樹林内では依然として八割以上の下層・林床植生が失われたままで、多様性の観点ばかりか、水土保全、景観保全の指標から見ても「嘆かわしいほど変」な状況が続いている。樹林内の林床植生では、さおりが原など比較的緩傾斜地にバイケイソウが広がりつつあるが、これは初夏までの緑で七月には枯れるため、それ以降は三指標面とも役に立たない。今のところ、三嶺山域の山腹ではシコクブシやテンニンソウも少なく、ステージ2への移行の芽が見られない。とりわけ、急傾斜地では表土が流出し、小石、礫（れき）からなるガレ場に近いような状況の所が増えつつあり、ステージ2や1への移行は容易なことではない。そんな中で、人（ボランティア）が手助けをするとすれば、とりあえず西熊渓谷などに残っているテンニンソウやシコクブシなどの種を播くことであろうか。それにしても、稜線部に比べて山腹部ははるかに広大であり、かつ日照条件と傾斜・土壌条件で劣るためボランティアによる手助けは無理といっても過言ではない。そこでは、丹沢で行われつつある土壌流出対策とシカの影響排除という行政による抜本的対策が必要となる。

ゴールに向かうために必要不可欠な管理捕獲

自然の復元力の限界を人の手で補ってゴール（ステージ1未満～0）に向かうためには、図3―3―1に示している上の矢印のような行為が欠かせない。すなわち、緊急避難的に防鹿柵内で希少植物種を保護し、ネット巻きによってウラジロモミ群落などを保護するとともに、根源的原因である増えすぎたシカの頭数管理に成功する必要がある。頭数管理に成功しないと、希少種のキレンゲショウマやマネキグサなどの山野草はいつまでも防鹿柵内で不自然なまま保護せざるをえず、生育の場を拡大することができない。樹木剥皮対策も続けざるをえない。地域の自然環境が持つ生態系バランスが復元できる範囲内にシカの生息数を調整するための管理捕獲の実行は行政の手に委ねられることはいうまでもなく、その成功がゴールに到達できる必須条件となる。

このことは、すでに多くの論者によって指摘され、本書でも何度か登場した。そして、近年、本書で述べてきたように各地で管理捕獲が実施に移されてきている。けれども、どこも手探りの試行段階にあり、行き当たりばったりの傾向も否めず、未だ成功にはおぼつかない状況にある。三嶺山域の保護区でも、白髪山～中東山にかけて、〇八年から県・香美市が中心となって管理捕獲を実施して三年目を迎えるが、その成果は山腹部の登山道沿いに広がる樹林の林床にササが蘇りつつあるなど、実施していない西熊渓谷～三嶺にかけての地域とは異なった動きが見られる。個体数調整の効果は大きいのだが、三嶺山域ではごく限られた場所の実施にとどまっており、全体を再生目標に近づけるにはまだほど遠い。

本来の自然を取り戻すためには、連携・協働の仕組みづくりとそれなりの資金が必要である。それができないならば、ステージ2の「大いに変」か「ちょっと変」な自然でがまんせざるをえない。どちらに行くか、今がまさに曲がり角に立っている。次世代に残すべき自然とは何か、いったん失われたら評価する価値基準もなくなる自然のあり方について、国家・国民レベルで考える段階かもしれない。

参考・引用文献

丸山直樹・須田知樹・小金澤正昭編著　二〇〇七　オオカミを放つ―森・動物・人の良い関係を求めて　白水社

デール・R・マッカロー、梶光一、山中正美編著　二〇〇六　世界自然遺産　知床とイエローストーン―野生をめぐる二つの国立公園の物語　知床財団

NATIONAL GEOGRAPHIC 日本版ホームページ　オオカミの再導入　二〇一〇年三月号

亀山明子　二〇〇六　北海道におけるエゾオオカミ絶滅の歴史と知床国立公園におけるオオカミ再導入の可能性について　デール・R・マッカローら編著　世界自然遺産　知床とイエローストーン　知床財団

宇野裕之・横山真弓・坂田宏志ら　二〇〇七　ニホンジカ保全管理の現状と課題　哺乳類科学　四七（一）　日本哺乳類学会

兵庫県森林動物研究センター　平成二二年度年報　二〇一〇　一頁

編者略歴

依光良三（よりみつ・りょうぞう）

一九四二年高知県生まれ。六七年京都大学大学院農学研究科修士課程修了。（財）林政総合調査研究所研究員、高知大学教授を経て、現在、高知大学名誉教授、三嶺の森をまもるみんなの会代表。著書に『日本の森林・緑資源』『森と環境の世紀』『環境保護と森林』、編著書に『流域の環境保護』『破壊から再生へ アジアの森から』『格差時代の森林・林業と環境』『森の物語』、共著書に『知床からの出発―伐採問題の教訓をどう生かすか』『緑のダム』など。

執筆者略歴（五十音順）

石川愼吾（いしかわ・しんご）

一九五二年静岡県生まれ。東北大学大学院理学研究科博士前期課程修了。理学博士。高知大学理学部助手、同講師、助教授を経て、現在、高知大学教育研究部自然科学系理学部門教授。植物生態学。共著書に『河川環境と水辺植物』『生物の世界と土佐の自然』など。

上野真由美（うえの・まゆみ）

一九七七年大阪府生まれ。大阪府立大学農学部卒業。北海道大学大学院農学研究科博士課程修了。農学博士。現在、北海道立総合研究機構環境科学研究センター勤務。シカ類の個体群生態学を研究。

内田忠宏（うちだ・ただひろ）

一九四四年徳島県生まれ。九五年細川内ダム建設反対の住民運動に取組む。二〇〇三年美馬市営一の森ヒュッテ管理人に就任し、剣山山系のシカ被害の推移を観察する。徳島県稀少野生生物保護巡視員。共著書に『ダムを止めた人たち』。

奥村栄朗（おくむら・ひでお）

一九五五年滋賀県生まれ。八〇年東京大学農学部卒業。同年農林省林野庁入庁、秋田営林局を経て、八四年林野庁林業試験場（現・森林総合研究所）保護部鳥獣科研究員。森林棲哺乳類の研究に従事。二〇〇五年より森林総合研究所四国支所勤務。現在、野生動物害担当チーム長。

押岡茂紀（おしおか・しげのり）

一九七五年徳島県生まれ。二〇〇一年高知大学大学院農学研究科修士課程修了（森林科学専攻）。現在、西日本科学技術研究所に勤務し、植物関係の調査・研究に従事。三嶺の森をまもるみんなの会の活動には発足当初から参加している。

金城芳典（かねしろ・よしのり）

一九六九年埼玉県生まれ。九二年日本動物植物専門学院野生動物科卒業。日本動物植物専門学院非常勤講師、房総のシカ調査会契約職員などを経て、現在、特定非営利活動法人四国自然史科学研究センター副センター長。

暮石　洋（くれいし・ひろし）

一九四九年徳島県生まれ。若いころから山登りを楽しむ。九一年に徳島県勤労者山岳連盟理事長就任後、剣山の自然保護活動に関わる。二〇〇〇年「三嶺の自然を守る会」の設立に参画し、二〇〇六年同会理事長就任、三嶺の自然保護に関わる。

坂本　彰（さかもと・あきら）

一九四八年高知県生まれ。一九六七年高知県庁入庁、二〇〇九年退職。一九七五年「三嶺を守る会」の設立にかかわり、それ以来三嶺の保全活動に取り組む。森の回廊四国をつくる会会長、三嶺の森をまもるみんなの会副代表。

西村武二（にしむら・たけじ）

一九四二年鳥取県生まれ。七〇年京都大学大学院農学研究科修士課程修了、七一年～二〇〇六年高知大学農学部教員、高知県緑の環境会議幹事、三嶺の森をまもるみんなの会副代表。共著書に『森』『森林保護学』『原生林紀行』など。

森　一生（もり・かずお）

一九六〇年徳島市生まれ。八五年東京農工大学農学部林学科卒業、同年徳島県阿南農林事務所林務課に勤務、森林林業研究所等を経て、現在徳島県西部総合県民局保健福祉環境部環境担当に勤務。

シカと日本の森林

二〇一一年二月一〇日　初版発行

編者——依光良三
発行者——土井二郎
発行所——築地書館株式会社
東京都中央区築地七—四—四—二〇一　〒一〇四—〇〇四五
電話〇三—三五四二—三七三一　FAX〇三—三五四一—五七九九
振替〇〇一一〇—五—一九〇五七
ホームページ =http://www.tsukiji-shokan.co.jp/
印刷・製本——シナノ印刷株式会社
装丁——吉野愛

ISBN 978-4-8067-1416-3 C0045

くわしい内容はホームページで。URL=htp//www.tsukiji-shokan.co.jp/

●自然を考える

「ただの虫」を無視しない農業

生物多様性管理

桐谷圭治［著］ ◉2刷 二四〇〇円

減農薬や有機農業がようやく定着しつつある。本書では、20世紀の害虫防除をふりかえり、減農薬・天敵・抵抗性品種などの手段を使って害虫を管理するだけではなく自然環境の保護・保全までを見据えた21世紀の農業のあり方・手法を解説する。

田んぼの生き物

百姓仕事がつくるフィールドガイド

飯田市美術博物館［編］ ◉2刷 二〇〇〇円

春の田起こし、代掻き、稲刈り……水田環境の移り変わりとともに、そこに暮らす生き物の写真ガイド。見て、生き物と田んぼの美しさを楽しみ、読んで、生き物の正体と生息環境を知ることができる一冊。

百姓仕事で世界は変わる

持続可能な農業とコモンズ再生

ジュールス・プレティ［著］ 吉田太郎［訳］ 二八〇〇円

世界各地の自律した百姓たちが、いまひそやかに革命を起こしはじめている。世界の農業の新たな胎動や、自然と調和した暮らしの姿を、52カ国でのフィールドワークをもとに、イギリスを代表する環境社会学者が、あざやかに描き出す。

田んぼで出会う花・虫・鳥

農のある風景と生き物たちのフォトミュージアム

久野公啓［著］ 二四〇〇円

百姓仕事が育んできた生き物たちの豊かな表情を美しい田園風景とともにオールカラーで紹介。

カエルが跳ね、トンボが生まれ、色とりどりの花が咲き競う、生き物たちの豊かな世界が見えてくる。

◉総合図書目録進呈。ご請求は左記宛先まで。
〒一〇四―〇〇四五 東京都中央区築地七―四―四―二〇一 築地書館営業部
《価格（税別）・刷数は、二〇一一年二月のものです。》

●築地書館の自然書

自然再生事業

生物多様性の回復をめざして

鷲谷いづみ＋草刈秀紀［編］　◉2刷　二八〇〇円

失われた自然を取り戻すために「自然再生」とはどのようにあるべきか。日本のNGOが模索してきた事例や歴史とともに、第一線の研究者、フィールドワーカー、行政担当者がそれぞれの現場から理念と技術的問題を詳述する。

農を守って水を守る

新しい地下水の社会学

柴崎達雄［編著］　一八〇〇円

「水の都」として知られる熊本。人口100万人の都市圏の水はすべて地下水。格安で、おいしい水はどこから来るのか？　そのメカニズムを水文学、地下水学、歴史、社会経済学など多方面から解き明かした「新しい地下水」の本。

里山の自然をまもる

石井実＋植田邦彦＋重松敏則［編］　◉6刷　一八〇〇円

自然保護の重要なキーワードとなっている「里山」を守るために私たちができることとは？

日本的な農村風景は、いま急速に失われ、あるいは自然林へと変質しつつある。身近な自然「里山」の大切さと、その維持・復元について考える。

森の健康診断

100円グッズで始める市民と研究者の愉快な森林調査

蔵治光一郎＋洲崎燈子＋丹羽健司［編］

◉2刷　二〇〇〇円

森林ボランティア・市民・研究者の協働で始まった人工林調査。愛知県豊田市矢作（やはぎ）川流域での先進事例とその成果を詳細に報告・解説した人工林再生のためのガイドブック。